U0320594

Tasty Food
食在好吃

元气蔬菜汤
的196种做法

杨桃美食编辑部 主编

江苏凤凰科学技术出版社
·南京·

图书在版编目（CIP）数据

元气蔬菜汤的196种做法 / 杨桃美食编辑部主编 . —
南京 : 江苏凤凰科学技术出版社 , 2015.7（2021.7 重印）
（食在好吃系列）

ISBN 978-7-5537-4560-2

Ⅰ . ①元… Ⅱ . ①杨… Ⅲ . ①汤菜 - 菜谱 Ⅳ .
① TS972.122

中国版本图书馆 CIP 数据核字 (2015) 第 103476 号

食在好吃系列

元气蔬菜汤的196种做法

主　　　编	杨桃美食编辑部	
责 任 编 辑	葛　昀	
责 任 监 制	方　晨	

出 版 发 行	江苏凤凰科学技术出版社	
出版社地址	南京市湖南路 1 号 A 楼，邮编：210009	
出版社网址	http://www.pspress.cn	
印　　　刷	天津丰富彩艺印刷有限公司	

开　　　本	718 mm × 1 000 mm　1/16	
印　　　张	10	
插　　　页	4	
字　　　数	250 000	
版　　　次	2015年7月第1版	
印　　　次	2021年7月第3次印刷	

标 准 书 号	ISBN 978-7-5537-4560-2	
定　　　价	29.80元	

图书如有印装质量问题，可随时向我社印务部调换。

营养满分
从每天一碗蔬菜汤开始

　　现代人大都"无肉不欢"，天上飞的、地下跑的、水里游的，加点油盐酱醋稍微一烹饪，一盘美味的佳肴便诞生了。但是顿顿大鱼大肉，肠胃肯定受不了，这时倒不如来碗清淡的蔬菜汤，既可以去去油腻，让肠胃歇一歇，也可以补充肉类食物无法提供的纤维与营养元素，让营养更加均衡。你可别小看这些蔬菜汤，虽然用料只是一般常见的蔬菜，烹饪方式也多为蒸、煮、炖，但却别有一番滋味。热爱美食的你，赶快行动吧！煲一款蔬菜汤，为家人还有自己送上一份暖暖的贴心。

　　本书介绍了 196 款元气蔬菜汤，既有清汤、浓汤和羹汤，还有锅物汤，保证满足不同人群的口味，在享用美味的同时，收获健康！

目录

PART 1
蔬菜清汤篇

PART 2
浓汤羹汤篇

PART 3
蔬菜锅物篇

单位换算	固体类 / 油脂类
	1大匙 ≈ 15克
	1小匙 ≈ 5克
	液体类
	1大匙 ≈ 15毫升
	1小匙 ≈ 5毫升
	1杯 ≈ 200毫升
	1碗 ≈ 350毫升

熬蔬菜汤
推荐食材

增加汤底鲜度

圆白菜

挑选圆白菜时，要挑表皮叶片颜色偏白，没有烂叶的；若颜色过绿，表示纤维较粗，吃起来口感较差。圆白菜除了清炒外，用来熬汤也非常适合，可以为汤底带来清鲜的口感。

白萝卜

挑选白萝卜时，以用手指敲起来有饱实的声音，沉重且表皮完整没有烂者为佳。白萝卜要切大块，这样在熬煮时才不易被煮散。而白萝卜本身清甜的滋味还可以增加汤头的鲜度，用来搭配各种中式风味的料理或作为一般汤品的汤底，都是不错的选择。

杏鲍菇

菇类适合在2℃~5℃之间储存，所以买回后不宜在常温中暴露过久，要尽快放入冰箱中。挑选菇类时，要选择有弹性、外观整洁、有色泽、形体完整的。菇类品种较多，每一种都有独特的风味，特别是杏鲍菇，很适合用来熬煮高汤底，可以增加高汤的鲜度。

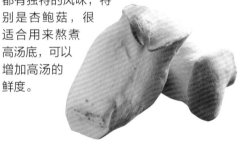

海带

通常购买的是干海带，由于它有一种特殊的海潮味，所以可以搭配其他食材一起熬煮高汤，既能提鲜，口味又较清淡。

香菇

香菇含有特殊的香气，尤其是晒干的香菇香气更足。干香菇在处理时，要先浸泡冷水，让其泡发。注意泡发时不可用热水，以免香菇的香味都散失了。

玉米

挑选玉米时，以颗粒颜色一致且圆润饱满者为佳。若有凹陷，表示已采收存放过久，玉米的甜味也会降低。选购市面上包有外叶的玉米时，可以翻开外叶看一下玉米须，须少的玉米比较嫩，外叶颜色越绿越新鲜，吃起来较清甜。在家熬汤时，加入整根玉米可以增加汤头的层次感，口感更佳。

胡萝卜

胡萝卜是常见的食材之一，常在沙质地种植。挑选时，以色泽鲜艳，且表皮没有磕伤的比较好。因为胡萝卜口味独特，通常用于提味，熬煮时的分量不需太多，也可在无形中增加汤头的甜度。

豆芽菜

豆芽菜可分为绿豆芽跟黄豆芽两种。绿豆芽去头尾后称作"银芽"，常用来热炒或是焯烫凉拌；而黄豆芽较绿豆芽甜些，除了热炒外，还可用来熬煮高汤，可让汤头增添自然的清甜味。

洋葱

洋葱香气浓烈，营养丰富，熬煮汤头时不但可去除腥味，还能增加甜度，所以经常用来熬煮汤头。

苹果

购买苹果时可轻敲果身，声音坚实沉重者才是新鲜的。苹果在生长期会分泌天然果蜡，略带白色又有点黏黏的，这属正常现象。在熬煮口感单纯的蔬菜高汤时加入苹果，可自然增加汤头的甜度和果香味。

增加汤底浓度

芋头

芋头是耐放的根茎类蔬菜，不易受气候影响，只要表面没有明显的伤痕就行，同时也要注意轻弹或按压，避免变软或空心的状况。芋头的皮较厚，建议用菜刀直接切除外皮。记得要保持手部干燥再处理芋头，才不会发痒，若真的发痒，可试试用盐搓手后再烘干。

南瓜

南瓜含有蛋清质、胡萝卜素及丰富的维生素，属耐久放型食材，一年四季都买得到，放在阴凉通风处即可储存。切块的南瓜要先去籽，并在表面包裹保鲜膜，再放入冰箱冷藏，能延长保存期限。

红薯

挑选红薯时，应以形体完整、平滑，表面平整的较佳。不要选择发芽的红薯，这样的红薯因水分被芽吸收，口感上会差很多；表面出现小黑洞的红薯，内部可能已经腐烂；如果红薯表面皱皱的，表示采收存放时间较长，较不新鲜。

山药

选择山药时，应以外观完整、根须少、没有腐烂的为佳。大小相同的山药，以较重者为佳。买回来的山药不要急着放入冰箱，只要整根未切开，放置在阴凉通风处即可，不要直接曝晒在阳光下，这样保存期限可达三个月之久。

土豆

挑选土豆时，以表皮细致有光泽、没有发芽的较佳，如果发了芽，则不宜食用。保存时可以用报纸包覆好，放在阴凉通风处，亦可存放于低温冷藏库中；非盛产期购买的土豆，买回来直接放在阴凉通风处即可，不要再放入冰箱冷藏，以免土豆发芽变质。

好汤烹调秘诀

秘诀 1

汤汁变得混浊，一般跟放进汤里的材料有关。想保持汤品清澈，可在煮汤前对某些材料做事先处理，如根茎类的蔬菜，可先过油或焯烫后再煮汤，就能避免淀粉质使汤汁变得混浊；另外边煮汤边捞除杂质，也可以让你煮出清澈又美味的清汤来。如要添加肉类，需先焯烫，洗去血水杂质，还能使肉质表面形成保护膜，这样在煮汤的过程中就不至流失肉汁。

秘诀 2

清汤的烹调方式有"煮"和"蒸"两种。如果喜欢清甜或是原汁原味的汤品，可以把汤放入锅内蒸；如果喜欢汤汁多的，可以选择直接用汤锅煮；如果汤的材料中用到水果，一般都会用蒸的方式，这样可以保留水果的香味，喝起来会更加甘甜。

秘诀 3

烹煮清汤时，先用中火煮沸后，再以小火炖煮，而且要边煮边用汤匙捞除杂质。切忌用大火煮清汤，以免让材料产生杂质，让汤汁混浊。此外烹煮清汤的时间不要超过30分钟，以免材料过熟影响口感。如果想让清汤的汤汁更为清澈，可以在起锅时，用细网将汤汁过滤，再摆上汤里的材料。

烹调浓汤、羹汤秘诀

秘诀 1

汤的浓稠度可以依据个人的喜好去调制，若要以通常的口感来说，浓汤以浓稠而不黏糊者为最佳，一般浓汤的浓度来自于蔬食的淀粉质，所以烹煮时都会先把材料打成汁，再继续煮并放入其他材料。若觉得不够浓稠，一般人会加炒过的面粉糊，这样能快速增添浓度。但要注意火候，避免焦锅。此外随着汤逐渐冷却，汤的浓度也会提高，所以烹煮的材料、时间和食用时的温度都是影响汤汁浓度的因素。

秘诀 2

羹汤好喝与否全靠勾芡，因为这关系到羹汤的滑润度和味道。很多人控制不好，很容易让淀粉结块或是焦锅，影响羹汤的口感。为了避免这种情况，在勾芡时要先将炉火转成小火，再慢慢倒入水淀粉，边倒边搅拌，然后将炉火转成大火煮沸即可。搅拌的动作要持续，这样就能煮出滑润且没有透明结块的好喝羹汤。

秘诀 3

烹煮浓汤时，一开始炒材料时要用大火，加入高汤后则要用中小火烹煮，且要边煮边搅拌，如此熬出来的汤不仅浓稠好喝，而且也不会烧焦锅，避免出现焦味。

煮好汤Q&A

熬汤要用大火法还是小火法？

大火法（常用大火与中火）最为简单，通常用来熬煮骨髓、大骨，煮出来的汤多为乳白色。以大火熬煮材料时，如果味道不够，也可以直接放些肉一起熬煮来增味。小火法则适合用来烹煮清澈的汤头，而重点则是需要配合食材熬煮。另外还有一种煎煮法，常用来熬煮鲜鱼浓汤，特点是熬汤前先将食材下炒锅炸过，再加上葱蒜配料一起煮，虽然比较麻烦，但可以有效去除腥味，还能让汤头有一种特殊的香气。

怎么判断汤头的好坏？

检验汤头好坏的主要方法是"尝味道"。不论清汤还是浓汤，味道一定要足、要浓厚；至于要放多少量的材料，则要看个人对汤味的喜好与经验了。如果是熬煮清汤，汤色的清澈度也是检验汤品好坏的指标之一，一般越清越纯的汤头就越好。熬汤的材料越丰富，煮出的成品越令人满意。不过要注意的是，若汤料已经煮至无味要立即捞起，以免破坏整锅汤的味道。

煮汤用什么锅具比较好？

熬汤时最好使用陶锅、土锅这类散热均匀的容器，因为这样最能使高汤保留住材料的原味。如果没有陶锅、土锅，则可使用不锈钢锅。不建议选择铝锅，因为它在长时间熬煮的过程中，可能会产生对人体有害的化学物质，所以最好少用。

煮汤时水量
不够怎么办？

如在煮汤的过程中发现水量不够，这时并不适合另外再加水，因为材料在热水滚沸时会逐渐释放出其所含的营养素，如果这时倒入冷水，锅中温度突然下降，汤品的味道也会改变，更会让汤变得混浊。所以如果非加水不可，也只能加热开水，不要加冷水。

隔夜的汤
要如何处理？

通常熬煮的汤头不会一次用完，如果留到隔天使用，前一夜的保存方式就相当重要。在不放入冰箱冷藏的情况下，要先用小火把汤煮至滚沸，再将汤面上的浮沫捞除，最后盖上锅盖。记得不可以全盖，要留一些小缝隙通风，这样可以保证汤品不会变质。不过煮好的汤品不宜存放过久，放在冰箱冷藏最多不可超过一星期。

煮汤时火
越大越好吗？

为了把材料的精华彻底熬出，有些人认为水愈滚沸愈好。其实把汤煮得太滚沸，只会让原本清澈的汤头混浊不堪、美味尽失。所以熬煮汤头时要特别注意火候的掌控。

PART 1

蔬菜清汤篇

　　清汤通常是指将食材放入汤中煮至滚沸、调味即可食用的汤品，或是炖煮时间不超过1小时的汤品。生活中常喝的鸡汤、排骨汤、蔬菜汤等，都属此类。本章以蔬果为主角，介绍了多款清爽鲜美的蔬菜清汤。不妨在吃完大鱼大肉后喝上一碗，营养又美味。

认识五行蔬果

蔬果的颜色众多，但基本上可以归纳成五种颜色——红、绿、黄、白、黑，而近来很火的蔬食养生法，也将蔬果分为五色，并将其与"五行"以及人体的"五脏"相对应。个人可根据自己的体质，挑选适合自己的食材来养生。

黄色蔬果

例：胡萝卜、玉米、南瓜、红薯等

黄色蔬果含有叶黄素、胡萝卜素等抗氧化物，还含有维生素A、维生素C、维生素E，对于肝脏、皮肤均有益。豆类制品也属于黄色食材，含植物性蛋清质及多种人体必须的氨基酸。

红色蔬果

例：西红柿、圣女果、红甜椒等

红色蔬果主要含有β-胡萝卜素、茄红素、维生素A、维生素C以及花青素，能强化心脏血管的功能，预防心血管疾病；通常也含较高的铁质，能促进人体造血功能。此外，红色蔬果中钾的含量也较为丰富。钾成能调节血液中钠的含量，预防高血压。

白色蔬果

例：豆芽、竹笋、菜花、白萝卜等

白色蔬果一般也称淡色蔬果，在视觉上给人情绪上的安定感。很多根茎类、瓜类蔬果都属于白色蔬果。比起其他颜色的蔬果，白色蔬果的糖分、淀粉（碳水化合物）等的含量更高，维生素和矿物质的含量则相对较少。

绿色蔬果

例：芹菜、菠菜、甜豆、秋葵、青椒、黄瓜等

绿色蔬果含有大量叶绿素、胡萝卜素、维生素A、维生素C和叶酸，钙、磷、铁质含量也比其他颜色的蔬果更高。所以绿色蔬果，尤其是深绿色的蔬果，是补充钙质的良好选择。

黑色蔬果

例：木耳、香菇、黑枣、海带、桑葚等

黑色蔬果除了含人体必需的维生素、矿物质和微量元素外，还含有丰富的膳食纤维、花青素、多糖体等，可以提高人体的抗氧化能力和免疫力。此外，黑色蔬果中B族维生素以及钾、钙、铁、锌、磷等矿物质的含量也较高。

五行蔬菜汤

材料

南瓜	150克
白萝卜	150克
西蓝花	100克
西红柿	80克
鲜香菇	80克
水	1200毫升

调料

盐	1大匙
香油	1/2小匙

做法

❶ 南瓜、白萝卜、西红柿去皮，切成块；西蓝花去梗、切小朵；鲜香菇切小块，备用。

❷ 水放入锅中煮沸，放入南瓜、白萝卜、西红柿、鲜香菇，转小火，盖上锅盖煮约20分钟。

❸ 放入西蓝花继续煮5分钟，加入所有调料即可。

美味小贴士

西蓝花煮久了口感会变软，颜色也会变黄，色、香、味都会大打折扣，因此要最后再下锅，这样煮出来的汤品既能保持西蓝花的脆绿，又能保持最佳的口感。

17

丝瓜汤

材料

丝瓜　　　300克
胡萝卜　　10克
姜　　　　10克
水　　　　800毫升

调料

盐　　　　　1小匙
白胡椒粉　　1/4小匙
香油　　　　1小匙

做法

1. 丝瓜用刀轻轻刮去表皮，切成粗条备用。
2. 胡萝卜去皮切粗丝；姜切粗丝，备用。
3. 水放入锅中煮沸，放入丝瓜、胡萝卜、姜丝煮至软烂，加入所有调料煮匀即可。

美味小贴士

用刮的方式去除丝瓜皮，可以保持丝瓜脆绿的颜色，即使久煮也不易变黑，更能让丝瓜表皮保持脆度，煮软后不会太糊烂。

红白萝卜草菇汤

🍲 材料

胡萝卜	60克
白萝卜	60克
罐头草菇	40克
(或新鲜草菇)	
水	1200毫升

🧂 调料

盐	1小匙
白胡椒粉	少许
香油	1小匙

🍳 做法

1. 胡萝卜、白萝卜去皮切块备用。
2. 罐头草菇沥除水分备用。
3. 水放入锅中煮沸，放入胡萝卜、白萝卜、罐头草菇，转小火，盖上锅盖焖煮20分钟。
4. 加入所有调料拌匀即可。

美味小贴士　　　这道汤品通常是使用罐头草菇来当作材料，罐头草菇带有一股特殊的味道，使这道汤具有独特风味。如果不喜欢也可以换成新鲜草菇，此外还可以再加入排骨酥，一起熬煮更入味！

菜花干五花肉汤

材料

菜花干	200克
五花肉片	50克
鲜黑木耳	50克
姜	30克
水	1500毫升

调料

盐	1大匙
白胡椒粉	1/2小匙

做法

1. 黑木耳、姜切小片备用。
2. 菜花干稍微冲洗去除杂质后，沥干备用。
3. 水放入锅中煮沸，放入黑木耳、姜片、菜花干煮约15分钟。
4. 加入五花肉片及所有调料拌匀煮熟即可。

美味小贴士 　菜花干是利用菜花晒干而制成的，口感清脆、风味浓郁，不管是热炒还是煮汤都很适合，但是晒制的菜花干通常含有较多杂质，料理前一定要清洗干净。

锦绣鲜菇汤

材料

西蓝花	60克
胡萝卜	30克
玉米笋	40克
鸿喜菇	120克
姜	30克
水	1000毫升

调料

盐	1大匙
香油	1小匙

做法

1. 西蓝花去除梗部的粗皮再切小朵；胡萝卜去皮切小片；鸿喜菇剥散；姜切小片备用。
2. 水放入锅中煮沸，放入西蓝花、胡萝卜、鸿喜菇、姜片及玉米笋，煮至熟。
3. 加入所有调料调味即可。

什锦鲜菇养生汤

材料
杏鲍菇	40克
鲜香菇	40克
金针菇	20克
洋菇	30克
姜	20克
葱段	20克
枸杞子	适量
水	800毫升

调料
盐	少许
香油	少许

做法
1. 杏鲍菇切厚片；金针菇去蒂头；洋菇对切；姜切片，备用。
2. 枸杞子用热水泡至软，备用。
3. 水放入锅中煮沸，放入杏鲍菇、金针菇、洋菇、鲜香菇、姜及葱段，煮至菇类变软。
4. 加入所有调料，再撒入枸杞子即可。

菠菜蛋花汤

材料

菠菜	70克
鸡蛋	1个
葱	5克
水	800毫升

调料

盐	1小匙
细砂糖	1/4小匙

做法

1. 菠菜洗净后切段；鸡蛋打散成蛋液；葱切葱花，备用。
2. 水放入锅中煮沸，放入菠菜段煮至稍软，加入所有调料拌匀。
3. 转小火，倒入蛋液后立刻熄火，撒上葱花即可。

美味小贴士

要煮出漂亮的蛋花，千万不能在汤品大滚沸的时候倒入蛋液，否则蛋花会碎散，无法形成整片的蛋花。而应先转小火，让汤的温度降下来再打入蛋液，这样煮出的蛋花才漂亮。

芥菜咸蛋汤

材料

芥菜	80克
胡萝卜	10克
金针花	15克
咸蛋黄	3个
鸡蛋（取蛋清）	1个
水	800毫升

调料

盐	1小匙

做法

1. 芥菜先放入沸水中焯烫去苦涩，再切成片备用。

2. 胡萝卜去皮切片；金针花先泡水至软；咸蛋黄压扁，切小片；蛋清打散，备用。

3. 水放入锅中煮沸，再放入芥菜、胡萝卜片、金针花、咸蛋片煮至熟。

4. 放入所有调料调味，再倒入蛋清即可。

姬松茸汤

材料

干姬松茸	120克
西芹	30克
胡萝卜	70克
白萝卜	70克
山药	80克
水	1500毫升

调料

盐	1大匙

做法

① 干姬松茸泡水至软备用。

② 西芹去除粗纤维后切片；胡萝卜、白萝卜及山药去皮切块，用水焯烫一下，备用。

③ 将水放入电饭锅中，再放入所有材料，蒸煮至开关跳起。

④ 起锅前加入盐调味即可。

> **美味小贴士**
>
> 市场上售卖的姬松茸有新鲜的与干燥的两种。干燥的风味较浓郁，用来煮汤风味较醇厚，而新鲜的姬松茸则更适合炒食。

黄瓜瘦肉汤

材料

小黄瓜	50克
胡萝卜	10克
瘦肉	20克
姜	10克
水	900毫升

调料

盐	1小匙
白胡椒粉	1/4小匙
香油	1小匙

做法

1. 小黄瓜切片；胡萝卜去皮切片；瘦肉切片；姜切片，备用。
2. 水放入锅中煮沸，将瘦肉、姜片放入锅中稍煮一下，再放入胡萝卜片、小黄瓜片，煮至变软。
3. 加入所有调料调味即可。

美味小贴士 通常煮汤都是使用大黄瓜，煮成汤后入口即化，但是换成小黄瓜煮汤后吃起来口感会略爽脆，也别有一番独特滋味。

金钱菜脯圆白菜汤

材料
金钱菜脯干40克，圆白菜50克，瘦肉20克，姜20克，水1200毫升

调料
盐1/2小匙，白胡椒粉少许，香油1小匙

做法
1. 金钱菜脯干稍微清洗一下；圆白菜、瘦肉、姜切片，备用。
2. 水放入锅中煮沸，将金钱菜脯干、圆白菜片、瘦肉片、姜片放入锅中，转小火盖上锅盖焖煮20分钟，起锅前加入所有调料拌匀即可。

养生蔬菜汤

材料
干香菇3朵，白萝卜250克，胡萝卜200克，牛蒡200克，白萝卜叶50克，水1800毫升

调料
盐适量

做法
1. 干香菇洗净浸泡后沥干水分；白萝卜、胡萝卜洗净，沥干水分，不去皮直接切块状；牛蒡洗净，沥干水分，横切短圆柱状；白萝卜叶洗净，沥干水分备用。
2. 取汤锅，放入以上所有食材，再加入水，并以大火煮至滚沸，再改转小火煮约1小时，最后以盐调味即可。

五色蔬菜汤

🥣 **材料**

白萝卜200克，胡萝卜150克，南瓜100克，泡发香菇50克，芹菜40克，水800毫升，姜片15克

🍶 **调料**

盐1小匙，白胡椒粉1/6小匙，香油1/2小匙

🍲 **做法**

1. 白萝卜、胡萝卜和南瓜洗净去皮后，切粗条备用。
2. 泡发香菇去蒂头；芹菜切小段洗净备用。
3. 取锅，加水煮沸后，将以上所有材料及姜片放入锅内以中火煮沸后，改小火煮约15分钟，加入盐、白胡椒粉和香油调味即可。

玉米蔬菜汤

🥣 **材料**

玉米150克，白萝卜100克，胡萝卜50克，黑木耳40克，上海青60克，姜片5克，水800毫升

🍶 **调料**

盐1/2小匙，胡椒粉少许，香油少许

🍲 **做法**

1. 玉米洗净切块；白萝卜、胡萝卜洗净去皮切块；黑木耳洗净切片；上海青去头去外叶洗净，备用。
2. 取锅，加入水煮沸，放入姜片、白萝卜块、胡萝卜块、玉米块、黑木耳片煮25分钟。
3. 放入上海青以及所有调料煮至入味即可。

冬瓜玉米汤

材料

冬瓜300克，猪小排300克，水1000毫升，玉米1条，姜丝5克

调料

米酒1大匙，盐少许，白胡椒粉少许

做法

1. 猪小排切适当大小，放入沸水中焯烫去血水后，取出泡冷水备用。
2. 冬瓜去皮、去籽，切粗丁；玉米切圆段，备用。
3. 取锅装入水，加入姜丝煮沸，放入猪小排再次煮沸后，转中小火煮约15分钟。
4. 加入冬瓜丁、玉米段与其余调料，煮至冬瓜变软即可。

海带冬瓜薏仁汤

材料

海带20克，冬瓜300克，薏仁30克，姜片10克，水850毫升

调料

盐1/2小匙，米酒1小匙，胡椒粉少许，香油少许

做法

1. 海带擦洗干净后剪小片；冬瓜皮刷洗干净，去籽切块；薏仁洗净，泡水5小时，沥干备用。
2. 取锅，放入水、海带片、姜片、薏仁煮至滚沸，再放入冬瓜块煮30分钟。
3. 加入所有调料拌匀即可。

29

什锦蔬菜汤

材料

胡萝卜	100克
西芹	50克
土豆	100克
西红柿	2个
西蓝花	100克
洋葱	50克
水	700毫升

调料

盐	1/2小匙

做法

1. 将胡萝卜、土豆和西芹去皮洗净，切丁，备用。

2. 西红柿洗净，切滚刀块；洋葱洗净切丁；西蓝花洗净，切小块，备用。

3. 锅烧热，倒入1大匙色拉油（材料外），放入洋葱丁和胡萝卜、土豆、西芹，以小火炒5分钟后倒入汤锅。

4. 倒入水煮沸，转小火煮10分钟，再放入西红柿块和西蓝花块煮10分钟，最后加盐调味即可。

冬瓜海带汤

📋 材料
冬瓜500克，海带结100克，海带香菇高汤400毫升（做法参考143页），水400毫升，姜片5片

📋 调料
盐适量，米酒15毫升，味淋15毫升

📋 做法
1. 冬瓜洗净，以刀刮除表皮，切粗角丁；海带结洗净备用。
2. 将水与海带香菇高汤倒入锅中，加入冬瓜、海带结与姜片，大火煮开后，改中小火煮约15分钟至冬瓜略呈透明状，再加入调料调味即可。

什锦蔬菜豆腐汤

📋 材料
西红柿60克，板豆腐1块，干香菇2朵，胡萝卜30克，姜片30克，西芹20克，蔬菜高汤1200毫升（做法参考142页）

📋 调料
盐1大匙

📋 做法
1. 板豆腐切块状；香菇泡水至软，切片。
2. 西红柿、西芹、胡萝卜都洗净切片。
3. 取一汤锅，将以上材料全部放入，再加姜片和调料，煮约25分钟即可。

苹果蔬菜汤

📋 材料
苹果60克，黄豆芽150克，西芹80克，圆白菜100克，水800毫升，鸡肉丝50克

📋 调料
盐1/2小匙

📋 做法
❶ 黄豆芽洗净；苹果、西芹、圆白菜洗净切片，备用。

❷ 取锅，加入水煮沸，放入黄豆芽、西芹片煮5分钟，再放入鸡肉丝、圆白菜片、苹果片煮沸。

❸ 放入盐煮至入味即可。

> **美味小贴士**　苹果可增加汤的果香味与清甜口感，其他淡口味的蔬菜也能均匀吸收其自然甜分，使汤品喝起来更加清爽。

菠菜雪梨汤

📋 材料
菠菜200克，雪梨100克，西红柿150克，水700毫升

📋 调料
盐1/2小匙，细砂糖1/4小匙，油少许，姜汁少许

📋 做法
❶ 菠菜洗净切段；雪梨去皮切丝；西红柿焯烫去皮、切丝，备用。

❷ 取锅，加入水煮至滚沸，放入菠菜段、西红柿丝继续煮至滚沸。

❸ 放入雪梨丝以及所有调料煮匀即可。

> **美味小贴士**　雪梨香甜的滋味可以提升汤的味道；西红柿先焯烫可以更容易去皮，煮汤时还能使营养素充分释放，好吃又健康。

茼蒿豆腐鲜虾汤

材料

茼蒿	150克
鸡蛋豆腐	1/2盒
虾仁	50克
鲜香菇	2朵
美白菇	50克
水	750毫升
葱段	10克
蒜片	10克

调料

盐	1/2小匙
细砂糖	少许
米酒	少许
香油	少许

做法

1. 茼蒿洗净切段；鸡蛋豆腐切小块；虾仁洗净划刀；鲜香菇洗净切片；美白菇去蒂头洗净，备用。
2. 热锅加入少许油（材料外），放入葱段、蒜片爆香，再加入水煮至滚沸。
3. 捞出葱段、蒜片，再放入豆腐块、鲜香菇片、美白菇煮至滚沸。
4. 放入虾仁、茼蒿段煮熟，再加入所有调料拌匀即可。

西红柿蛤蜊汤

材料
蛤蜊200克，西红柿2个，姜丝5克，高汤400毫升，水200毫升，罗勒适量

调料
盐少许，白胡椒粉少许

做法
1. 蛤蜊泡清水吐沙后洗净；西红柿切成8等份，备用。
2. 将水放入锅中，放入蛤蜊煮至打开，捞出蛤蜊，将汤汁过滤后捞出备用。
3. 将高汤加入姜丝煮沸后，加入西红柿瓣，略煮3分钟。
4. 加入蛤蜊及所有调料拌匀，起锅前加入罗勒即可。

西红柿玉米汤

材料
西红柿1个，玉米1根，葱1/2根，姜丝适量，高汤800毫升

调料
盐1小匙，香菇粉1小匙，香油2小匙

做法
1. 西红柿洗净切块；玉米洗净切段；葱洗净切段，备用。
2. 取一锅，加入高汤，将西红柿块、玉米段和盐、香菇粉一同以小火煮20分钟，使玉米段熟透且汤汁清澈。
3. 加入葱段与香油、姜丝即可。

西红柿蔬菜汤

材料
西红柿	400克
银耳（干）	15克
秋葵	3根
水	400毫升
蔬菜高汤	200毫升

（做法参考142页）

调料
味淋	10毫升

做法
1. 将银耳泡水至完全展开，洗净切除硬蒂后切碎备用。
2. 秋葵洗净，放入沸水中焯烫至外观呈鲜绿色，捞出泡入冷开水中，冷却后捞出沥干，斜切成厚约0.3厘米的片状备用。
3. 将西红柿洗净，轻轻划出十字刀纹，放入沸水中焯烫至皮翻开，捞出稍微降温后撕除外皮，切成月牙形块状备用。
4. 将处理好的西红柿块与水、蔬菜高汤一起放入汤锅中，大火煮开后改以中小火继续煮至西红柿完全熟软，再放入银耳碎继续煮5分钟，以味淋调味，熄火前放入秋葵片即可。

西红柿什锦汤

🥗 材料

胡萝卜	150克
土豆	150克
圆白菜	150克
西红柿	400克
玉米	100克
洋葱	40克
蒜末	10克
芹菜末	20克
水	600毫升
无盐奶油	1大匙

🧂 调料

番茄酱	2大匙
盐	1/4小匙
细砂糖	1小匙
黑胡椒粒	1/4小匙

🍲 做法

❶ 胡萝卜、土豆去皮切块；圆白菜洗净，剥成小片；西红柿和玉米、洋葱切小块备用。

❷ 热锅加入无盐奶油，以小火炒香西红柿块、洋葱块及蒜末。

❸ 加入番茄酱略炒出香味，加水煮沸后，放入胡萝卜块、玉米块、土豆块和圆白菜叶以中火煮沸后，改转小火煮约20分钟。

❹ 加入盐、细砂糖和黑胡椒粒调味，再撒上芹菜末即可。

意式西红柿蔬菜汤

材料

胡萝卜	80克
土豆	100克
西芹	40克
圆白菜	80克
西红柿	200克
洋葱	40克
西蓝花	60克
罐头西红柿	200克
蒜末	20克
高汤	500毫升
无盐奶油	1大匙

调料

意大利综合香料	少许
盐	1/4小匙
细砂糖	1小匙
黑胡椒粉	1/4小匙

做法

1. 胡萝卜去皮，和西芹、圆白菜、洋葱一起切小长条；土豆去皮；西红柿切块；西蓝花洗净，切小朵；罐头西红柿取出，切碎备用。

2. 热锅加入无盐奶油，以小火炒香洋葱条、西红柿块、罐头西红柿碎和蒜末。

3. 加入高汤，煮沸后，放入胡萝卜条、土豆块、圆白菜、西芹条和意大利综合香料，以中火煮沸后，改转小火煮约20分钟，再加入西蓝花、盐、细砂糖和黑胡椒粉调味即可。

米兰蔬菜汤

材料

Ⓐ 培根20克，洋葱10克，胡萝卜10克，西芹10克，西红柿1/4个，圆白菜10克，土豆20克 Ⓑ 高汤400毫升，意大利面10克，香菜末少许

调料

盐1/2小匙，黑胡椒粉少许，番茄酱2大匙

做法

❶ 将材料A均切成小丁备用。

❷ 热锅，在锅中加入色拉油1大匙（材料外），以中火炒香材料A约1分钟。

❸ 加入高汤及意大利面，以大火煮开后再转小火继续煮10分钟，起锅前加入所有调料。

❹ 盛入碗中时，撒上香菜末即可。

意式田园汤

材料

洋葱丁5克，西芹丁5克，胡萝卜丁3克，圆白菜丁20克，西红柿丁50克，高汤500毫升

调料

盐1/4小匙

做法

❶ 在锅内倒入少许色拉油（材料外），放入材料中所有蔬菜丁炒香。

❷ 加入高汤，煮沸后转小火熬煮约10分钟，再放入调料拌匀即可。

意大利蔬菜汤

📋 材料
洋葱1个，培根2片，西芹50克，圆白菜100克，黄栉瓜30克，绿栉瓜30克，胡萝卜1/3个，西红柿1个，菜花30克，土豆1个，西红柿高汤600毫升（做法参考141页）

🥄 调料
盐1小匙，意大利综合香料2小匙，干燥西芹粉1小匙

🍳 做法
1. 洋葱、土豆去皮切小丁；其余材料切小丁，备用。
2. 将培根炒香后加入其余蔬菜丁炒软。
3. 加入西红柿高汤及所有调料，炖煮30分钟即可。

培根圆白菜汤

📋 材料
圆白菜300克，干香菇1朵，胡萝卜15克，培根2片，高汤600毫升

🥄 调料
米酒1大匙，鱼露1大匙

🍳 做法
1. 干香菇泡发后切丝；胡萝卜去皮切丝；培根切小片，备用。
2. 热锅，放入培根片炒香，再放入香菇丝、胡萝卜丝炒至均匀，倒入高汤煮至沸腾。
3. 将圆白菜撕小片放入汤中，稍微烫至软，加入所有调料拌匀即可。

白菜金针汤

材料
圆白菜300克，金针菇30克，干香菇1朵，水750毫升

调料
盐1/2小匙，米酒1小匙，柴鱼粉少许

做法
1. 圆白菜洗净切片；干香菇洗净，泡软切条；金针菇泡软洗净，备用。
2. 热锅，加入少许油（材料外），放入香菇条炒香，再加入水煮至滚沸。
3. 放入圆白菜片煮5分钟，再放入金针菇煮至滚沸。
4. 加入所有调料煮至入味即可。

爽口圆白菜汤

材料
圆白菜150克，白萝卜300克，鲜香菇2朵，白米20克，水1000毫升，胡萝卜丝10克

调料
柴鱼素10克，味啉10毫升

做法
1. 圆白菜剥下叶片洗净，切成粗丝，备用。
2. 白萝卜洗净，去皮后切成约4厘米长的粗条；鲜香菇洗净切丝；白米放入砂布袋中封口、绑好备用。
3. 将水、白萝卜、香菇丝、白米、胡萝卜丝放入汤锅，用大火煮开后改中小火煮至白萝卜呈透明状，再加入圆白菜丝续煮约1分钟至熟，以柴鱼素、味啉调味后熄火，取出白米袋即可。

白菜百页蛋皮汤

🍲 **材料**

卷心白菜	300克
百页豆腐	15克
鸡蛋	1个
葱段	10克
水	750毫升
葱花	适量

🧂 **调料**

盐	1/2小匙
柴鱼粉	1/4小匙
细砂糖	少许
胡椒粉	少许

📋 **做法**

1. 卷心白菜去头，切大片洗净；百页豆腐切小块；鸡蛋打散成蛋液，备用。

2. 热锅，加入少许油，倒入蛋液，均匀煎成蛋皮后取出切丝。

3. 原锅放入葱段爆香，倒入水煮沸后，捞掉葱段。

4. 放入卷心白菜片、百页豆腐块，煮15分钟，加入所有调料拌匀，再放入蛋皮丝，撒上适量葱花作装饰即可。

娃娃菜魔芋汤

材料
娃娃菜300克，魔芋结120克，蟹肉丝30克，水750毫升

调料
盐1/2小匙，胡椒粉少许，米酒1小匙，香油少许

做法
1. 娃娃菜洗净，将外叶剥开；魔芋结泡水洗净，焯烫备用。
2. 取锅，加入水煮至滚沸，放入娃娃菜煮约5分钟。
3. 放入魔芋结、所有调料煮至入味，再放入蟹肉丝煮沸即可。

酸辣时蔬汤

材料
大白菜150克，胡萝卜30克，泡发木耳60克，金针菇50克，肉丝50克，蒜末10克，姜末10克，水500毫升，葱花适量

调料
辣椒酱2大匙，盐1/4小匙，细砂糖1小匙，陈醋4大匙，香油1小匙

做法
1. 大白菜、胡萝卜和泡发木耳洗净切丝；金针菇切去根部备用。
2. 热锅加入1大匙油（材料外），先放入肉丝炒散后，加入蒜末、姜末和辣椒酱炒香。
3. 锅中加水煮沸，将剩余的材料放入其中，以小火煮沸约2分钟后，加入盐、细砂糖、陈醋和香油调味，再撒上葱花即可。

麻油白菜温补汤

材料

白菜	250克
杏鲍菇	100克
素鸭肉	100克
老姜	30克
水	1200毫升
枸杞子	5克

调料

酱油	2大匙
麻油	3大匙

做法

1. 白菜、杏鲍菇、素鸭肉洗净；白菜切段，杏鲍菇和素鸭肉切小块；老姜外皮刷洗干净，去除脏污，切片备用。

2. 起一锅，倒入麻油烧热，放入老姜煎香，再放入白菜炒软。

3. 锅中继续加入水和杏鲍菇、素鸭肉煮沸，放入枸杞子，加盖以小火焖煮5~6分钟，放入调料拌匀即可。

> **美味小贴士**
>
> 麻油和老姜都是热性食材，能促进气血循环，适合冬季手脚容易冰冷的人食用，有祛寒的作用。但冬季食用热性食材容易燥热上火，白菜属性偏寒，正好可以中和麻油与老姜的热性，是很适合长时间炖煮的蔬菜。

麻辣蔬菜汤

材料
西蓝花100克，圆白菜150克，红甜椒、黄甜椒共100克，芹菜80克，炸豆腐皮150克，蒜末20克，姜末10克，红葱末10克，高汤600毫升

调料
麻辣酱1.5大匙，细砂糖1/2小匙

做法
1. 西蓝花、圆白菜及红甜椒、黄甜椒洗净切小块；芹菜切小段；炸豆腐皮切小片备用。
2. 热锅加入1大匙油（材料外），以小火爆香蒜末、姜末和红葱末。
3. 加入西蓝花、圆白菜、甜椒、芹菜段和炸豆腐皮，入锅翻炒至香味溢出后，加入麻辣酱炒匀，再加高汤煮沸，改转小火煮约10分钟，最后加入细砂糖即可。

泰式酸辣蔬菜汤

材料
蘑菇100克，绿节瓜150克，黄甜椒80克，西红柿120克，秋葵80克，洋葱60克，罗勒叶5克，高汤600毫升

调料
泰式酸辣汤酱1.5大匙，细砂糖1/2小匙

做法
1. 蘑菇与绿节瓜切厚片；黄甜椒、西红柿和洋葱切小块；秋葵切斜段备用。
2. 热锅加入1大匙油（材料外），以小火爆香洋葱块。
3. 加入蘑菇、绿节瓜、黄甜椒、西红柿和秋葵，入锅翻炒至香味溢出后，加入酸辣汤酱炒匀，再加入高汤煮沸，转小火煮约10分钟后，最后加入罗勒叶和细砂糖即可。

好彩头汤

🥬 材料
白萝卜	400克
胡萝卜	150克
玉米	1个
香菇素丸	150克
水	1300毫升
香菜	适量

🧂 调料
盐	1小匙
白胡椒粉	少许
香油	少许

做法

1. 白萝卜和胡萝卜去头、去皮、切块；玉米洗净切块，备用。

2. 取汤锅，加入水煮沸，放入白萝卜块、胡萝卜块和玉米块煮沸，再转小火煮约30分钟。

3. 放入香菇素丸煮约2分钟。

4. 加入所有调料煮匀，再放入香菜即可。

萝卜马蹄汤

材料
马蹄200克，白萝卜150克，胡萝卜100克，芹菜段适量，水800毫升，姜片15克

调料
盐1/2小匙，鸡精1/4小匙

做法
1. 将马蹄去皮；白萝卜及胡萝卜去皮后切小块，一起放入沸水中焯烫约10秒后捞起，与姜片、马蹄一起放入电饭锅中，再倒入水。
2. 盖上锅盖，按下开关蒸至开关跳起，加入芹菜段与所有调料调味即可。

胡萝卜海带汤

材料
海带结150克，胡萝卜150克，姜片30克，水700毫升

调料
盐1大匙

做法
1. 胡萝卜去皮，切滚刀块；海带结洗净备用。
2. 取汤锅，放入胡萝卜块、海带结、姜片和盐，煮约25分钟即可。

洋葱豆仁腰果汤

材料
胡萝卜60克，土豆80克，洋葱50克，生腰果50克，青豆仁60克，玉米粒50克，高汤700毫升

调料
盐1/4小匙，胡椒粉少许，香菇粉1/4小匙

做法
① 胡萝卜、土豆洗净，沥干水分后切丁；洋葱洗净，沥干水分后切片；生腰果泡入水中，备用。
② 取汤锅，加入高汤和生腰果，先以大火煮至滚沸，再改以小火煮10分钟后，加入胡萝卜丁、土豆丁和洋葱片继续煮5分钟。
③ 加入青豆仁、玉米粒煮约10分钟后，再加入所有调料拌匀即可。

韩式土豆汤

材料
土豆150克，胡萝卜60克，玉米笋60克，青椒50克，洋葱丝40克，蒜末10克，牛肉片100克，水700毫升

调料
蚝油1大匙，韩式辣椒酱3大匙，香油1小匙

做法
① 土豆、胡萝卜去皮，切滚刀块；玉米笋及青椒切小块备用。
② 韩式辣椒酱加入50毫升的水拌匀备用。
③ 热锅加入2大匙油（材料外），以小火爆香洋葱丝及蒜末，再加入牛肉片炒至表面变白。
④ 继续加入650毫升的水煮沸后，放入土豆、胡萝卜、玉米笋及青椒块，倒入蚝油及韩式辣椒酱汁，以小火煮约20分钟后，先关火再加入香油调味即可。

红薯香菇汤

材料

山药	120克
红薯	250克
西芹	50克
泡发香菇	80克
鸡骨	200克
姜片	30克
水	600毫升

调料

米酒	2大匙
盐	1小匙
白胡椒粉	少许

做法

1. 山药、红薯去皮后切滚刀块；西芹撕去粗纤维，切小段；泡发香菇去蒂头备用。
2. 鸡骨放入沸水中焯烫2分钟后，捞起洗净沥干。
3. 取锅，将以上所有材料和姜片放入锅中，再加入水和米酒。
4. 盖上锅盖，以中火煮沸后转小火煮约15分钟，加入盐和白胡椒粉调味即可。

根茎蔬菜豆浆汤

材料
紫薯50克，黄薯50克，红薯50克，芋头100克，土豆100克，南瓜150克，无糖豆浆500毫升，水600毫升

调料
海带素6克，盐适量

做法
1. 紫薯、黄薯、红薯、芋头、土豆、南瓜均洗净、去皮、切小方块泡水，备用。
2. 热锅倒入1大匙油（材料外）烧热，加入以上所有材料充分拌炒均匀，倒入水，以大火煮开。
3. 改中小火继续煮至所有材料熟软，再加入无糖豆浆煮2分钟，最后以盐和海带素调味即可。

红薯芥菜鱼干汤

材料
红薯200克，芥菜200克，小鱼干15克，姜片10克，水700毫升

调料
盐1/2小匙，细砂糖少许，米酒少许，香油少许

做法
1. 红薯洗净去皮切块；芥菜洗净切片，备用。
2. 取锅，加入水煮沸，放入姜片、红薯块、芥菜片煮沸，再放入小鱼干煮15分钟。
3. 加入所有调料煮入味即可。

莲藕玉米汤

材料
莲藕300克，胡萝卜150克，玉米块180克，猪大骨300克，姜片20克，水1000毫升

调料
盐1小匙

做法
1. 莲藕、胡萝卜去皮，切滚刀块；玉米切段，备用。
2. 猪大骨剁小块，放入沸水中焯烫2分钟后捞起洗净沥干。
3. 取锅，先将所有材料放入锅中，加水后盖上锅盖，以中火煮沸后，转小火煮沸约30分钟，加入盐调味即可。

椰子水笋块汤

材料
煮熟麻竹笋300克，带骨鸡肉200克，新鲜椰子水300毫升，水600毫升

调料
盐少许

做法
1. 麻竹笋切适当大小的滚刀块；鸡肉切块，放入沸水中焯烫去除血水，捞起冲洗干净，备用。
2. 将水、笋块放入汤锅中煮至沸腾，放入鸡肉块，转小火煮约15分钟。
3. 放入新鲜椰子水，再煮约10分钟，加入盐调味即可。

苋菜竹笋汤

🥘 材料
苋菜200克，竹笋丝适量，猪肉丝适量，高汤1500毫升

🧂 调料
盐适量，鸡精适量，胡椒适量

🧂 腌料
米酒少许，酱油少许，香油少许，淀粉1/2小匙

📋 做法
❶ 苋菜洗净，切小段；猪肉丝用腌料腌约5分钟备用。

❷ 将高汤煮开，放入苋菜、笋丝，煮约10分钟至苋菜软化，再加入肉丝。

❸ 煮至汤汁再度滚沸,加入所有调料拌匀即可。

西蓝花木耳汤

🥘 材料
西蓝花200克，黑木耳100克，胡萝卜片40克，姜片10克，水800毫升，豆皮40克

🧂 调料
盐1/2小匙，香菇粉少许

📋 做法
❶ 西蓝花切小朵洗净；黑木耳洗净切片；豆皮焯烫后切片，备用。

❷ 热锅加入少许油（材料外），放入姜片爆香，加入水煮至滚沸。

❸ 放入西蓝花、黑木耳、豆皮和胡萝卜片煮熟，再放入所有调料拌匀即可。

青花土豆胡萝卜汤

📋 材料
西蓝花150克，土豆150克，胡萝卜100克，洋葱片100克，水800毫升

🥣 调料
盐1/2小匙，米酒1小匙，胡椒粉少许，味淋1大匙，食用油少许

🍲 做法
1. 西蓝花切小朵洗净；土豆、胡萝卜洗净去皮、切块，备用。
2. 取锅，加入水煮沸，再放入土豆块、胡萝卜块、洋葱片煮15分钟。
3. 放入西蓝花煮熟，再加入所有调料煮匀即可。

蒜香菜花汤

📋 材料
菜花300克，胡萝卜80克，去皮大蒜10瓣，高汤800毫升

🥣 调料
盐少许，鸡精8克

🍲 做法
1. 菜花洗净，切成小朵后撕除老皮，放入沸水中焯烫至变色，捞出泡入冷水中，待降温后捞出、沥干水分；胡萝卜洗净，去皮后切片备用。
2. 锅中倒入2大匙色拉油（材料外）烧热，放入去皮大蒜以小火炒至表皮稍微呈褐色，加入处理好的蔬菜拌炒均匀，再加入高汤以大火煮开，改中火继续煮至菜花熟软，最后以盐和鸡精调味即可。

茭白玉笋培根汤

材料
茭白笋2只，玉米笋100克，蒜苗20克，培根20克，
高汤800毫升

调料
盐1/4小匙，鸡精1/4小匙

做法
1. 茭白笋去外壳，洗净沥干水分后切块；
   玉米笋洗净，沥干水分，斜切段；蒜苗洗
   净，沥干水分斜切段；培根切小片备用。
2. 取锅烧干，加入油（材料外）热锅，放入
   蒜苗段、培根片爆香后盛起备用。
3. 另取汤锅，先加入高汤，以大火煮至滚
   沸，放入茭白笋块、玉米笋段再度煮至滚
   沸，并改以小火煮约15分钟。
4. 放入蒜苗、培根和所有调料拌匀，煮约1分
   钟即可。

茭白珍珠菇汤

材料
茭白笋200克，黑珍珠菇100克，水750毫升，
猪肉丝50克，豌豆荚25克，葱段10克

调料
盐1/2小匙，柴鱼粉少许

做法
1. 茭白笋洗净切块；豌豆荚洗净切段；黑珍
   珠菇去蒂头洗净，备用。
2. 热锅，加入少许油，放入猪肉丝炒至变
   色，再放入葱段炒香。
3. 加入水煮开，放入茭白笋块煮10分钟，再
   放入黑珍珠菇、豌豆荚段煮开。
4. 加入所有调料煮入味即可。

玉笋大头菜汤

📖 做法

1. 大头菜去皮洗净切块；米笋洗净切块，备用。
2. 取锅，加入水煮开，放入大头菜块煮15分钟。
3. 放入玉米笋块煮10分钟，再放入猪肉丝和所有调料煮入味，再加入香菜即可。

西芹笋片汤

材料
绿竹笋350克，西芹片60克，胡萝卜片30克，姜片20克，水800毫升

调料
盐1大匙

做法
1. 绿竹笋去皮，切片状。
2. 取一汤锅，放入绿竹笋片、西芹片、胡萝卜片、姜片和所有调料，煮约25分钟即可。

丝瓜魔芋芽菜汤

材料
丝瓜200克，魔芋80克，黄豆芽100克，枸杞子10克，姜丝5克，高汤700毫升

调料
盐1/4小匙，香油1/4小匙

做法
1. 丝瓜洗净，削皮切片；魔芋洗净，沥干水分，先切花再切小片状，泡入水中；黄豆芽以清水稍稍冲洗干净备用。
2. 锅中加水煮至滚沸后，放入黄豆芽和魔芋片略焯烫后捞起备用。
3. 另取汤锅，加入高汤煮至滚沸，放入丝瓜片、姜丝继续煮至再度滚沸，再加入黄豆芽、魔芋片和枸杞子略煮开，然后加入全部的调料拌匀即可。

丝瓜鲜菇汤

🍲 材料

丝瓜	500克
柳松菇	50克
秀珍菇	50克
姜丝	10克
水	400毫升

🧂 调料

盐	少许
柴鱼素	4克

🍴 做法

1. 丝瓜洗净，以削皮刀去皮后切成约2厘米长的小条；柳松菇和秀珍菇洗净备用。

2. 热锅倒入适量油（材料外）烧热，放入姜丝，以中小火炒出香味，加入丝瓜、柳松菇、秀珍菇翻炒一下，倒入水煮至材料熟软，最后以盐和柴鱼素调味即可。

美味小贴士　丝瓜皮不要削得太厚，这样可以保留较多营养与漂亮的翠绿色；丝瓜煮得越久颜色越暗沉，所以稍微煮至熟软即可熄火。

虾米丝瓜汤

材料
丝瓜400克，葱粒20克，姜片10克，虾米30克，水400毫升

调料
盐1/2小匙，白胡椒粉1/4小匙

做法
1. 丝瓜洗净后，用刀刮去表面粗皮并切厚片；虾米用水泡5分钟后洗净沥干备用。
2. 热锅加入少许油（材料外），放入葱粒、姜片和虾米以小火炒香。
3. 加入丝瓜片，改以中火翻炒，炒至丝瓜微软后，加入水煮开，改转小火煮开约3分钟，再加入盐和白胡椒粉调味即可。

养生丝瓜汤

材料
丝瓜250克，黑木耳10克，姜15克，胡萝卜20克，山药30克，水1000毫升，当归5克，枸杞子10克

调料
盐1小匙，细砂糖1/2小匙

做法
1. 丝瓜、山药、姜去皮后，各自切成细丝；黑木耳洗净切丝；胡萝卜用汤匙刨成泥，备用。
2. 将水煮开后，把当归、枸杞子放入其中煮15分钟。
3. 锅内加适量油（材料外），把姜丝、胡萝卜泥先入锅爆香，然后和丝瓜、山药、黑木耳一起放入药材汤中。
4. 待所有食材煮熟后，加入所有调料调味即可。

豆芽泡菜汤

材料
泡菜250克，板豆腐150克，干海带芽5克，黄豆芽100克，葱段20克，姜末10克，蒜末20克，水600毫升

调料
酱油2大匙，香油1小匙

做法
1 板豆腐切小块；干海带芽用水泡开后沥干备用；黄豆芽洗净。
2 热锅加入1大匙油（材料外），以小火爆香葱段、姜末及蒜末。
3 加入水煮开后，放入剩余的所有材料，加入酱油，以小火煮约15分钟后，先关火，再淋入香油即可。

瓜丁汤

材料
南瓜100克，竹笋80克，芋头80克，泡发香菇60克，西蓝花60克，高汤200毫升，姜末5克，水200毫升

调料
盐1/4小匙，白胡椒粉1/8小匙，香油1小匙

做法
1 南瓜、竹笋、芋头及泡发香菇洗净切小丁；西蓝花切小朵备用。
2 取锅，加入高汤及水煮开后，加入姜末和以上所有材料，以小火煮开约5分钟后，加入盐、白胡椒粉和香油调味即可。

豆腐海带芽汤

材料

三角薄片油豆腐	5片
海带芽（干）	2克
金针菇	1/4把
海带	5克
葱花	3克
姜丝	3克
水	600毫升

调料

盐	2克
柴鱼素	1克

做法

1. 将三角薄片油豆腐焯烫去油渍，捞起稍待冷却，再将水分挤干，对切备用。
2. 海带芽泡清水膨胀后，沥干水分；金针菇去蒂对切，焯烫30秒沥干，备用。
3. 锅中加水，加入切小段的海带，用中火煮开后，加入姜丝再煮2分钟，放入所有调料煮匀。
4. 取汤碗，放入薄片油豆腐、金针菇段、海带芽、葱花，再加入汤即可。

大黄瓜汤

材料

大黄瓜	250克
胡萝卜	50克
玉米笋	100克
圆白菜	80克
姜丝	10克
小贡丸	150克
水	800毫升
葱花	适量

调料

盐	1小匙
白胡椒粉	1/6小匙
香油	1/2小匙

做法

1. 大黄瓜去皮、去籽，和胡萝卜、玉米笋、圆白菜一起切块备用。

2. 取锅加水煮开后，将大黄瓜块、胡萝卜块、玉米笋块、圆白菜和姜丝放入，以中火煮开后，改转小火煮约15分钟。

3. 加入小贡丸煮约5分钟后，加入盐、白胡椒粉和香油调味，再撒上葱花即可。

豆浆蔬菜汤

材料

材料	数量
南瓜	80克
玉米笋	80克
芦笋	70克
鸿喜菇	60克
水	150毫升
豆浆	600毫升
圆白菜	100克

调料

调料	数量
盐	1/2小匙
细砂糖	1/4小匙
胡椒粉	少许
食用油	少许

做法

1. 南瓜洗净切开，带皮挖出籽后切片；玉米笋洗净；芦笋洗净切段；鸿喜菇去蒂头洗净；圆白菜洗净切片，备用。

2. 取锅，加入水煮开，放入南瓜片、玉米笋煮3分钟。

3. 倒入豆浆煮开，再放入芦笋段、鸿喜菇、圆白菜煮熟后，加入所有调料煮匀即可。

时蔬土豆汤

材料

洋葱	1/2个
土豆	2个
西芹	100克
西红柿	200克
圆白菜	200克
胡萝卜	200克
罐头肉豆	50克
蒜末	5克
西红柿原汁	300毫升
水	1200毫升
月桂叶	1~2片
香芹末	少许
鸡高汤块	1小块

调料

盐	少许
橄榄油	2大匙

做法

1. 洋葱、土豆、胡萝卜均洗净、去皮、切成粗丁；罐头肉豆取出，稍微冲洗后沥干水分，备用。

2. 西红柿洗净去蒂，切成粗丁；西芹洗净，撕除老筋后切成粗丁；圆白菜剥开叶片洗净，切小方片；备用。

3. 热锅倒入橄榄油烧热，先放入蒜末以小火炒出香味，然后加入所有食材，用大火翻炒均匀，再加入水和月桂叶，大火煮开后，改以中小火煮约20分钟至材料熟软，最后加入西红柿原汁和鸡高汤块煮匀，以盐调味后熄火盛出，撒上香芹末即可。

海带黄豆芽汤

材料
黄豆芽200克，裙带菜15克，红辣椒1/3个，蒜末5克，熟白芝麻少许，水600毫升

调料
盐适量，韩式甘味调味粉5克，麻油2大匙

做法
1. 黄豆芽洗净，沥干水分；红辣椒洗净，去蒂后切斜片备用。
2. 裙带菜洗净多余盐渍，放入开水中焯烫约10秒钟，捞出沥干水分，切小段备用。
3. 热锅倒入麻油烧热，先放入蒜末与红辣椒片，以中火炒出香味，再加入黄豆芽拌炒均匀。
4. 锅中加水，大火煮开后改中小火继续煮约5分钟，加入裙带菜拌匀，再以盐和韩式甘味调味粉调味，熄火盛出后撒上熟白芝麻即可。

菜脯黄豆芽汤

材料
菜脯条1条，黄豆芽100克，水600毫升

做法
1. 菜脯条略为冲洗，去咸味和杂质，切小块备用。
2. 黄豆芽洗净，沥干水分备用。
3. 水倒入汤锅中煮至滚沸，加入菜脯块和黄豆芽，以小火煮约8分钟即可。

美味小贴士　腌制的菜脯含盐量较高，使用前先略为清洗可以去除多余盐分和杂质，煮汤时也不需要再加入盐调味，否则汤品味道会太咸。

黄豆芽西红柿汤

📋 **材料**
黄豆芽200克，西红柿2个，芹菜1根

🧂 **调料**
盐1/2小匙，鸡精1/2小匙，高汤2000毫升

🍴 **做法**

1. 西红柿洗净，底部划十字，放入开水中焯烫去皮切块。
2. 芹菜洗净切段；黄豆芽洗净，放入开水中焯烫后捞起备用。
3. 将高汤煮开，放入西红柿块和芹菜段、黄豆芽，转中小火煮20分钟，再加入盐、鸡精调味即可。

冬菜豆芽汤

📋 **材料**
黄豆芽150克，冬菜1大匙，水800毫升

🧂 **调料**
盐1/4小匙

🍴 **做法**

1. 黄豆芽摘除根部，挑出豆壳后洗净沥干水分备用。
2. 冬菜以清水略冲洗，沥干水分备用。
3. 取一汤锅，倒入水以大火烧开，放入黄豆芽与冬菜，改小火续煮约10分钟后加盐调味即可。

韩风辣味汤

材料

柳松菇	50克
金针菇	50克
土豆	200克
胡萝卜	100克
黄豆芽	100克
盒装嫩豆腐	1/2块
韩式带汁泡菜	150克
蒜末	10克
水	1000毫升

调料

韩国细辣椒粉	5克
韩式风味素	10克
酱油	1大匙

做法

1. 柳松菇洗净，撕成小朵；土豆、胡萝卜均洗净，去皮后切块；黄豆芽洗净，备用。

2. 嫩豆腐以汤匙挖成粗块；金针菇洗净切成小段，备用。

3. 热锅倒入2大匙麻油（材料外）烧热，加入蒜末、韩国细辣椒粉，以小火炒出香味，再加入带汁泡菜和柳松菇、土豆、胡萝卜、黄豆芽拌炒均匀，加入水、韩式风味素、酱油和嫩豆腐、金针菇，改中小火煮约20分钟至食材入味即可。

韩式泡菜汤

材料

排骨	300克
韩式泡菜	100克
黄豆芽	100克
水	1000毫升

调料

盐	1/2小匙

做法

1. 排骨放入开水中焯烫，捞起放入汤锅中，加入水，以小火煮30分钟，关火备用。

2. 另取锅烧热，加入1大匙色拉油（材料外）及50克切块的韩式泡菜炒香，再放入黄豆芽以小火炒3分钟。

3. 将上述材料倒入汤锅中煮10分钟，再加入剩余的泡菜块煮开，最后再加盐调味即可。

美味小贴士　用韩式泡菜来煮汤，最好先切小块，然后再用油炒香，这样熬煮出来的泡菜汤头会更够味，吃起来口感更佳。

芥菜排骨汤

材料
带叶大芥菜500克，排骨200克，姜片20克，高汤300毫升

调料
盐2小匙，细砂糖1/4小匙

做法
1. 将大芥菜洗净，切大块备用。
2. 排骨冲水洗净备用。
3. 将芥菜块、排骨、姜片和所有调料以及高汤一起放入电饭锅中。
4. 盖上锅盖、按下开关，煮至开关跳起即可。

排骨蔬菜汤

材料
排骨150克，圆白菜100克，玉米50克，胡萝卜50克，西红柿1个，秋葵3根，冻豆腐1大块，水300毫升

调料
盐1小匙，细砂糖1/4小匙

做法
1. 排骨放入沸水中焯烫，捞起洗净，沥干；圆白菜、玉米都切小段，胡萝卜、秋葵切片；西红柿切大块；冻豆腐切块。
2. 起锅，倒入少许油（材料外）烧热，放入排骨炒香，再放入水、玉米、胡萝卜片和所有调料煮30分钟。
3. 加入圆白菜段、秋葵片、西红柿块和冻豆腐煮开即可。

牛肉蔬菜汤

材料
土豆1/2个，胡萝卜1/3个，圆白菜60克，洋葱50克，牛肉400克，牛高汤1000毫升

调料
盐少许，黑胡椒粉（粗）少许

做法
1. 土豆、胡萝卜去皮切小块；圆白菜、洋葱切小块备用。
2. 牛肉切块，焯烫去血水后洗净备用。
3. 取一锅，加油烧热后，加圆白菜、洋葱爆香，然后放入牛肉块，略翻炒后加牛高汤，以中火煮开。
4. 放入土豆和胡萝卜，以小火煮约45分钟至全部材料软透，加入调料调味即可。

茴香鱼片汤

材料
茴香200克，鲷鱼100克，胡萝卜丝20克，姜丝10克，水700毫升

调料
米酒1大匙，盐1/2小匙，细砂糖少许，胡椒粉少许

做法
1. 茴香洗净切段；鲷鱼洗净切小片，备用。
2. 热锅，加入水煮开后，放入茴香段、萝卜丝煮2分钟。
3. 放入姜丝、鲷鱼片煮开，再放入所有调料煮至入味即可。

豆腐鱼片汤

🥘 材料

金针笋	150克
嫩豆腐	100克
鱼片	100克
胡萝卜	30克
黑木耳	30克
姜	20克
高汤	700毫升
水	1000毫升

🧂 调料

A

盐	1小匙
鸡精	1/2小匙
米酒	1/2大匙

B

胡椒粉	少许
香油	少许

📋 做法

1. 金针笋洗净切段；嫩豆腐切块；胡萝卜、姜切片；黑木耳洗净，切片备用。
2. 取一汤锅，倒入水煮开后，放入鱼片焯烫30秒，捞出备用。
3. 热锅，倒入色拉油（材料外）烧热，放入姜片爆香后，倒入高汤、豆腐块、胡萝卜片、黑木耳片煮至滚沸。
4. 放入金针笋段及调料A，煮约1分钟后，再放入鱼片煮熟，最后加入胡椒粉、香油即可。

蕈菇汤

材料
什锦蕈菇（金针菇、鲜香菇、杏鲍菇）120克，豌豆苗10克，麻油1大匙，水400毫升，熟白芝麻碎少许

调料
酱油1/2小匙，米酒 2大匙，盐少许

做法
1. 将什锦蕈菇去蒂洗净，切片或切段；豌豆苗切段，备用。
2. 锅烧热，加入麻油，放入什锦蕈菇炒香，再加入水煮至滚沸。
3. 加入所有调料和豌豆苗再煮1分钟，上桌前撒上磨碎熟白芝麻即可。

什锦菇汤

材料
杏鲍菇150克，鲜香菇50克，秀珍菇120克，金针菇150克，姜丝10克，葱花10克，水700毫升

调料
盐1/2小匙，鸡精1/2小匙，米酒1小匙，香油1大匙

做法
1. 杏鲍菇切片；鲜香菇切片；秀珍菇去蒂头；金针菇去头，备用。
2. 热锅，倒入香油，爆香姜丝，再加入水煮沸。
3. 锅中加入各种菇类，煮约3分钟至软，再加入所有调料拌煮均匀至水沸，起锅前撒上葱花即可。

鲜菇汤

材料

鲜香菇	2朵
金针菇	50克
柳松菇	50克
洋菇	50克
杏鲍菇	50克
西蓝花	150克
蔬菜高汤	600毫升

（做法参考142页）

调料

海带素	6克
盐	适量

做法

❶ 鲜香菇、金针菇去蒂，以酒水洗净，沥干水分；鲜香菇切片，备用。

❷ 柳松菇、杏鲍菇以酒水洗净，沥干水分，以手撕成长条。

❸ 洋菇以酒水洗净，沥干水分，对半切开。

❹ 西蓝花放入水中焯烫至变翠绿色，先泡入冰水中，再捞起沥干备用。

❺ 将蔬菜高汤倒入锅中，放入以上所有菇类，以大火煮开，改以中小火煮约10分钟，再加入西蓝花和其余调料略搅拌即可。

秀珍菇丝瓜汤

🍲 材料
秀珍菇100克，丝瓜250克，胡萝卜片30克，姜丝10克，水750毫升

🧂 调料
盐1/2小匙，细砂糖少许，米酒少许，胡椒粉少许

🍳 做法
1. 秀珍菇洗净；丝瓜去头尾、去皮洗净切块，备用。
2. 热锅，加入少许香油（材料外），放入姜丝爆香，再放入胡萝卜片炒香。
3. 加入水煮开，再放入丝瓜块、秀珍菇煮5分钟。
4. 放入所有调料煮入味即可。

碧玉笋菜花汤

🍲 材料
菜花200克，碧玉笋50克，鸿喜菇70克，姜片10克，水800毫升

🧂 调料
盐1/2小匙，细砂糖少许，香油1小匙

🍳 做法
1. 菜花切小朵洗净；碧玉笋洗净切段；鸿喜菇去蒂头洗净，备用。
2. 锅中加入水煮至滚沸，放入姜片、菜花煮5分钟。
3. 放入碧玉笋段、鸿喜菇，煮至熟透后加入所有调料拌匀即可。

麻油杏鲍菇汤

🥘 材料

杏鲍菇	150克
老姜	50克
枸杞子	10粒
水	400毫升

🧂 调料

麻油	100毫升
米酒	3大匙
香菇粉	4克
盐	少许

📋 做法

❶ 杏鲍菇以酒水洗净，沥干水分后以手撕成大长条；老姜洗净，切片；枸杞子洗净后泡水约5分钟，沥干水分；备用。

❷ 热锅倒入黑麻油烧热，加入姜片，以小火慢炒至姜片卷曲并释放出香味后，加入杏鲍菇拌炒均匀，再沿锅边淋入米酒，煮至酒味散发，最后加入水以中火煮开，以盐和香菇粉调味，起锅前加入枸杞子拌匀即可。

美味小贴士

菇类食材如果直接以水清洗，会因为吸收水分而降低香味，但是不洗又不卫生，最好的方法就是以含有15%酒精的酒水来清洗，利用酒精加速水分的散发，同时可以保留菇的香气。

蔬菜丸汤

🥣 **材料**
虾仁150克，上海青末20克，胡萝卜末10克，姜末5克，杏鲍菇80克，水900毫升

🧂 **调料**
盐1大匙，细砂糖1小匙，白胡椒粉少许

🧂 **腌料**
盐适量，香油适量，白胡椒粉适量，米酒适量，淀粉适量

📋 **做法**

❶ 虾仁剁成泥，加入上海青末、胡萝卜末、姜末及腌料拌匀，捏成数颗球状；杏鲍菇切片，备用。

❷ 取一汤锅，加水煮开，放入虾仁球、杏鲍菇，加入所有调料，煮约12分钟至熟，食用时搭配葱花（材料外）即可。

秀珍菇肉末蛋花汤

🥣 **材料**
秀珍菇50克，猪瘦绞肉30克，鸡蛋1个，葱末少许，水800毫升

🧂 **调料**
盐1/2小匙，胡椒粉1/2小匙，香油少许

📋 **做法**

❶ 秀珍菇洗净，沥干水分备用。

❷ 鸡蛋打入碗中搅散备用。

❸ 取一汤锅，倒入水，以大火烧开后改小火，放入猪瘦绞肉，用汤匙搅散肉末，待再次滚沸后捞出浮沫。

❹ 放入秀珍菇并以盐调味，继续煮约5分钟，趁小滚时慢慢淋入蛋汁，边搅边煮至蛋花均匀，熄火后加入葱末及所有调料拌匀即可。

鲜菇养生汤

材料
西红柿2个，柳松菇200克，金针菇1包，枸杞子10克，水3000毫升

调料
白酒1大匙，香菇粉2大匙

做法
1. 西红柿洗净切块；金针菇洗净去蒂头；柳松菇洗净，备用。
2. 将水倒入汤锅中煮沸，再加入西红柿块煮约10分钟，接着放入金针菇、柳松菇及枸杞子煮熟，起锅前加入白酒与香菇粉拌匀调味即可。

家常蛋汤

材料
鸡蛋4个，小白菜200克，西红柿2个，豆腐150克，葱花40克，高汤600毫升

调料
盐1/2小匙，白胡椒粉1/4小匙，香油1大匙

做法
1. 豆腐切片；小白菜切段；西红柿去皮去蒂，切块；鸡蛋打匀成蛋液，备用。
2. 起一锅，放入少许油（材料外），加入葱花爆香至微焦，备用。
3. 起一汤锅，放入豆腐片、西红柿块、葱花、白胡椒粉、高汤，待煮开后倒入蛋液，不需搅拌，最后放入小白菜段和其余调料略煮即可。

家常罗汉汤

材料

西蓝花	100克
玉米笋	50克
杏鲍菇	70克
土豆	80克
胡萝卜	50克
西芹	40克
姜片	30克
鸡蛋	1个
水	800毫升

调料

盐	1大匙

做法

1. 西蓝花切成小朵；胡萝卜、土豆去皮，切大块；西芹、杏鲍菇切大块；玉米笋切段；鸡蛋打散成蛋液，备用。
2. 将以上所有材料（蛋液除外）和姜片放入汤锅，加入盐煮约30分钟。
3. 起锅前倒入蛋液，搅拌成蛋花，煮至滚沸即可。

南瓜养生汤

材料
南瓜200克，鸿喜菇40克，美白菇40克，甜豆荚40克，红枣6颗，水750毫升

调料
盐1/2小匙

做法
1. 南瓜洗净去皮、去籽、切块；鸿喜菇、美白菇去蒂洗净；甜豆荚去头尾洗净切段；红枣洗净，备用。
2. 取锅，加入水煮至滚沸，放入南瓜块、红枣煮15分钟。
3. 放入鸿喜菇、美白菇、甜豆荚煮至熟透，再加入盐拌匀即可。

牛蒡补气汤

材料
牛蒡150克，胡萝卜30克，白菜60克，冻豆腐2块，金针菇30克，鲜香菇3朵，水800毫升

调料
盐1大匙，细砂糖1小匙

药材
黄芪12克，人参须10克，红枣6颗

做法
1. 所有材料洗净；牛蒡、胡萝卜去皮切片；白菜切段；冻豆腐每块切成4小块；鲜香菇去梗；金针菇切除根部。
2. 取一汤锅，倒入水煮开，再放入以上所有材料煮开，然后放入药材，加盖以小火焖煮5~6分钟，加入调料拌匀即可。

蔬食豆腐养神汤

材料

莲藕	60克
土豆	40克
胡萝卜	30克
豆腐	40克
杏鲍菇	80克
水	800毫升

调料

盐	1大匙

药材

何首乌	40克
人参须	20克
茯苓	2片

做法

1. 莲藕、土豆、胡萝卜都洗净去皮；杏鲍菇、豆腐洗净，备用。
2. 莲藕、胡萝卜切成片；土豆、杏鲍菇切滚刀块，豆腐切厚片。
3. 取一汤锅，加入水煮开，放入莲藕片、胡萝卜片和土豆块煮熟。
4. 放入豆腐片、杏鲍菇块和所有药材，以小火焖煮5~6分钟，起锅前加盐调味即可。

美味小贴士　体质虚弱的人不适合热补，宜选择性质温和的食材和药材来调养气血。莲藕、土豆和茯苓一起煲汤，有滋补脾胃的功效；何首乌则能安神养血，缓解头发变白、腰膝酸软等症状。

牛蒡汤

📋 材料

牛蒡	200克
海带结	100克
胡萝卜	100克
小鱼干	40克
姜片	15克
水	600毫升

🧂 调料

盐	1小匙
白胡椒粉	1/6小匙
香油	1/2小匙

📖 做法

1. 牛蒡与胡萝卜去皮后切滚刀块备用。
2. 海带结与小鱼干洗净沥干备用。
3. 取锅加水煮开后，将牛蒡块、胡萝卜块、海带结、小鱼干和姜片放入，以中火煮开后，改转小火煮约20分钟至滚，加入盐、白胡椒粉和香油调味即可。

美味小贴士　为了将材料的精华彻底煮出，有些人以为水越滚越好，事实上将汤煮得太滚，会让清澈的汤头变得混浊，所以煮汤时的火候要特别注意。

山药汤

🥗 材料
山药250克，西红柿50克，鲜香菇100克，鸿喜菇100克，魔芋150克，姜丝10克，葱丝10克，高汤800毫升

🧂 调料
盐1小匙，白胡椒粉1/6小匙，香油1/2小匙

🍲 做法
1. 山药去皮，和西红柿一起切滚刀块；鲜香菇去蒂头后切花；鸿喜菇切去根部；魔芋洗净，切条备用。
2. 取锅加入高汤煮开后，先将山药块、西红柿块及姜丝放入，以中火煮开后转小火煮约15分钟。
3. 加入魔芋条、鲜香菇及鸿喜菇煮约3分钟，再加入盐、白胡椒粉和香油调味，最后撒上葱丝即可。

青菜豆腐汤

🥗 材料
青菜50克，嫩豆腐1盒，姜丝10克，水600毫升

🧂 调料
盐1小匙，鸡精1小匙，香油1小匙

🍲 做法
1. 青菜洗净切段；嫩豆腐切小块，备用。
2. 取锅，放入嫩豆腐、青菜、水及姜丝煮至滚沸。
3. 加入所有调料拌匀即可。

十全山药大补汤

📋 材料
山药	350克
素鱼浆	200克
水	800毫升

🧂 调料
盐	1大匙

🌿 药材
熟地	16克
黄芪	8克
白果	20克
红枣	5颗
山药	4片
人参须	20克

📖 做法

1. 山药去皮切块；素鱼浆捏成小丸子，备用。

2. 取半锅油（材料外）烧热至140℃，放入素鱼丸炸至定型，捞出沥干油分。

3. 汤锅加水煮开，加入山药块、素鱼丸再次煮开，接着放入所有药材，加盖以小火焖煮5~6分钟，最后加入盐调味即可。

美味小贴士

山药含有天然荷尔蒙，经常食用可以强健身体、恢复体力、滋润肌肤；熟地能滋补阴血，黄芪、人参能补气，红枣能滋补气血。故这道汤很适合血虚体弱、过度疲劳者食用。

麻油山药豆泡汤

📋 材料
山药250克，豆泡80克，枸杞子10克，姜30克，水1000毫升

🧂 调料
酱油1大匙，细砂糖1小匙，胡麻油2大匙

🍳 做法
1. 山药、姜去皮后切成块；豆泡稍微冲洗后，切成块，备用。
2. 姜块与胡麻油一起炒香，放入山药块和豆泡块，加上其余调料和水一起煮5分钟。
3. 起锅前加入枸杞子即可。

麻油苦菜汤

📋 材料
苦菜200克，瘦肉片150克，水700毫升，姜丝20克

🧂 调料
鸡精1小匙，米酒1大匙，麻油2大匙

🍳 做法
1. 苦菜挑去老叶后，洗净沥干备用。
2. 热锅，倒入麻油烧热，放入姜丝爆香后，放入瘦肉片以中火炒一下，再加入水煮至滚沸后，放入苦菜煮1分钟，最后加入所有调料拌匀即可。

柴把汤

🍲 **材料**

竹笋	1/2个
胡萝卜	1/5个
芹菜	2根
酸菜	1/3个
干黄瓜条	1卷
素五花肉	50克
素火腿	50克
姜	3片
水	1000毫升

🧂 **调料**

盐	1/2小匙

🍳 **做法**

1. 竹笋、胡萝卜、酸菜、素火腿分别切成约6厘米长的条状；姜切丝；芹菜洗净切末；干黄瓜条剪成约12厘米长的条状备用。

2. 将竹笋、胡萝卜、酸菜、素火腿以及干黄瓜条——捆绑成数个小柴把备用。

3. 取一深锅，加入水、姜丝、素五花肉及柴把，以大火煮至汤汁滚沸后，转小火继续炖煮30分钟，熄火前加入芹菜末、盐调味即可。

山药红枣瘦肉汤

材料

山药	300克
红枣	6克
猪瘦肉	50克
水	800毫升

调料

盐	1/2小匙
米酒	1/2大匙
细砂糖	少许

做法

1. 山药洗净，去皮切块；红枣洗净；猪瘦肉洗净切丁，备用。
2. 取锅加入水煮开，放入红枣煮约5分钟。
3. 放入山药块、猪瘦肉丁煮10分钟。
4. 放入所有调料，煮匀即可。

什锦蔬菜味噌汤

🍚 材料

牛蒡	50克
黑木耳	50克
竹笋	50克
金针菇	1/2把
板豆腐	1/4块
胡萝卜	20克
鲜香菇	2朵
魔芋	2片
水	500毫升
海带香菇高汤	200毫升
（做法参考143页）	
白芝麻碎	少许
海苔丝	少许

🍚 调料

味噌	50克
海带素	4克
米酒	15毫升
味淋	5毫升

🍲 做法

❶ 牛蒡洗净去皮，先以刀尖直划数刀，再以削皮刀削出细丝；黑木耳洗净，去除硬蒂后切丝；竹笋洗净切丝；金针菇去蒂，洗净后切段；胡萝卜洗净，去皮后切丝；香菇洗净切斜片；魔芋洗净，放入开水中焯烫一下，捞出沥干水分后切斜片，备用。

❷ 热锅倒入2大匙麻油（材料外）烧热，放入以上所有处理好的材料，以中小火拌炒均匀，再加入水与海带香菇高汤，以大火煮开。

❸ 将板豆腐切长条，放入锅中，以中小火续煮至入味，以海带素、米酒和味淋调味，再以小滤网装味噌放入锅中，边搅拌边摇晃至味噌完全融入汤汁中，熄火盛出，再撒上磨碎白芝麻和海苔丝即可。

海带芽味噌汤

⏱ 材料
盒装豆腐150克，盐渍海带芽35克，水500毫升，葱花5克

🍶 调料
酱油1小匙，味噌30克，香油1/4小匙

🍲 做法
1 盐渍海带芽泡水5分钟，洗去盐水后挤干切碎备用。
2 盒装豆腐切丁；味噌加入50毫升水拌开成泥状。
3 将剩余的450毫升水煮开，加入豆腐丁及海带芽，倒入酱油及味噌泥拌匀，煮开。
4 出锅前加入香油及葱花即可。

海带芽汤

⏱ 材料
海带芽2克，鸡蛋1个，海带香菇高汤300毫升（做法参考143页），姜丝少许，姜汁少许

🍶 调料
盐少许

🍲 做法
1 海带芽泡水，待膨胀后沥干备用；鸡蛋打入碗中，搅拌均匀，并以少许盐调味备用。
2 将海带香菇高汤倒入锅中，加热煮开，以少许盐调味，再将蛋汁以画圆的方式淋入，加入少许姜汁及姜丝，随即熄火。
3 将泡好的海带芽放入预备好的碗中，将汤汁冲入碗中即可。

味噌豆腐汤

材料

丁香鱼	30克
圆白菜	80克
嫩豆腐	1盒
海苔	适量
葱花	1大匙
白味噌	150克
柴鱼高汤	600毫升

调料

味淋	1大匙
米酒	1大匙

做法

1. 圆白菜洗净切丁；丁香鱼去头，略泡水洗净，备用。
2. 嫩豆腐切丁；海苔撕小块，备用。
3. 白味噌加少许柴鱼高汤拌至溶化。
4. 起一锅，加入柴鱼高汤煮开后，加入圆白菜、丁香鱼煮3分钟。
5. 加入白味噌汤和所有调料，煮开后加入嫩豆腐丁，待重新滚沸后加入海苔和葱花即可。

蔬菜清汤

🍲 **材料**

海带香菇高汤300毫升（做法参考143页），猪五花肉薄片100克，牛蒡50克，金针菇20克，香菇4朵，胡萝卜50克，上海青适量

🍶 **调料**

酱油少许，盐少许

🍳 **做法**

1. 猪五花肉薄片撒上少许盐，切成粗条状，放入热水中焯烫后捞起备用；牛蒡、金针菇、香菇、胡萝卜、上海青洗净切丝，并放入热水中焯烫后捞起备用。
2. 将海带香菇高汤倒入锅中加热煮开，再放入酱油及盐调味后熄火。
3. 将猪五花肉及所有焯烫好的蔬菜放入预备好的碗中，倒入高汤即可。

枸杞子麻油川七汤

🍲 **材料**

川七叶150克，枸杞子10克，老姜30克，高汤200毫升

🍶 **调料**

黑麻油2大匙，米酒1大匙

🍳 **做法**

1. 将川七叶中的老梗摘除，洗净沥干；枸杞子洗净沥干；老姜洗净沥干后，切片状备用。
2. 取锅，倒入黑麻油，放入姜片爆香后，加入高汤、川七叶、枸杞子和米酒，煮至滚沸后盛起即可。

> **美味小贴士**
>
> 川七菜叶因为不易保存，所以烹调前一定要稍作挑选，将较老及烂的叶片挑除；烹调时要早些下锅，千万不要将洗净的川七菜叶放置过久。

泡菜腐皮汤

🥘 材料
泡菜80克，豆腐皮100克，韭菜末20克，热开水400毫升

🥄 调料
盐1/4小匙

🍲 做法
1. 豆腐皮切丝；泡菜切小块。
2. 将豆腐皮丝、泡菜块、韭菜末及盐一起放入杯中。
3. 冲入热开水拌匀即可。

携带包
　　豆腐皮丝、韭菜末装一袋；泡菜块装一袋；盐装一袋。

西红柿豆苗汤

🥘 材料
西红柿60克，豌豆苗40克，葱花5克，热开水400毫升

🥄 调料
盐1/2小匙，香油1/4小匙，白胡椒粉适量

🍲 做法
1. 西红柿洗净切丁；豌豆苗洗净。
2. 将西红柿丁、豌豆苗、葱花及盐、香油、白胡椒粉一起放入杯中。
3. 冲入热开水拌匀即可。

携带包
　　西红柿丁、豌豆苗、葱花、香油装一袋；盐、白胡椒粉装一袋。

香菇海味汤

🍲 材料

干香菇	6克
蟹味条	60克
豌豆苗	15克
葱花	5克
热开水	400毫升

🥄 调料

盐	1/2小匙
香油	1/4小匙
白胡椒粉	适量

📋 做法

❶ 干香菇用凉开水泡软，去蒂切丁；蟹味条切小块。

❷ 将香菇丁、蟹味条块、豌豆苗、葱花及盐、香油、白胡椒粉放入杯中。

❸ 冲入热开水，拌匀即可。

携带包

香菇丁、蟹味条块、豌豆苗、葱花、香油装一袋；盐、白胡椒粉装一袋。

PART 2
浓汤羹汤篇

浓汤是指加入面粉、奶油，或是将具有淀粉成分的天然食材打成泥状加入汤中，使汤汁呈浓稠状态的汤品，所以用根茎类的蔬果来做浓汤再合适不过。羹汤则是指经过勾芡，让汤汁呈现微微黏稠滑润口感的汤品。用蔬果来做羹汤，别有一番清爽的滋味。

蔬菜浓汤常用食材

　　春季是一年的开始，蔬果在这个时期也极为丰富，像洋葱、圆白菜、西红柿、胡萝卜、桃子等。此时的蔬果不仅香甜，口感也极好。

清甜蔬菜不可少

　　蔬菜中叶绿素、纤维的含量都很高，对人体健康非常有利。春季常见的蔬菜有：空心菜、菠菜、西蓝花等，加入浓汤中有助于提升浓汤清甜度。另外像洋葱、西芹等更是浓汤不可或缺的食材，虽然洋葱闻起来辛辣，但煮过之后会散发出甜味，汤底也变得更为清爽解腻，因此许多西式浓汤都会加入洋葱作为基底食材；西芹则因为它自身特有的香气，能增添浓汤的清香，也是制作汤羹的佳品。

根茎类是必备食材

　　根茎类的蔬菜在浓汤中扮演着重要角色，除了做为浓汤的基底，还是提供天然淀粉的主要食材。根茎类蔬菜较耐放，因此市售的根茎类外观都不会太糟，只要挑选表面无明显伤痕的即可，可轻弹几下看是否空心。通常根茎类的腐败会从内部开始，所以只要平时保持干燥，可以存放很久，而放入冰箱反而容易腐坏，尤其是土豆，在冷藏后会很快发芽。

香甜水果增添浓郁

　　香甜的水果在浓汤中起着画龙点睛的作用。浓郁的基底浓汤再加点水果的香味与甜味，能让汤的层次更丰富，味道也会更好。春季常见的水果有李子、桃子等，此时盛产的水果都非常香甜，能为浓汤添加自然的甜味，让人喝起来"爱不释口"。

浓汤好喝诀窍

天然淀粉最健康

以根茎类的蔬果做为浓汤的基底,其淀粉质量很高,能够营造天然浓郁的口感,对身体很好。

炒过更清甜

切小块的蔬果先经由快炒炒出香气,再焖煮使之软化,能为浓汤增添蔬果香味,更能使蔬果的甜味融合到浓汤中,味道也会比没炒过的更加浓郁好喝。

冷却后再放入果汁机

将煮好的蔬果块放置待冷却,再分批放入果汁机中搅打,才能均匀打碎。有的果汁机不耐热,可能会造成搅打时不安全,因此建议冷却后放入。

鸡茸玉米浓汤

材料

A

玉米粒	60克
玉米酱	80克
鸡胸肉	40克
洋葱	40克
蒜头	10克
奶油	30克
水	1200毫升
面粉水	适量

B

鲜奶	60毫升

调料

盐	1大匙
黑胡椒	少许

做法

1. 鸡胸肉剁成泥状，加少许冷水（分量外）拌匀备用。
2. 洋葱、蒜头切末备用。
3. 热锅，放入奶油、洋葱末、蒜末炒香，再加入水及其他材料A（面粉水除外）煮匀。
4. 用面粉水勾芡，再放入鲜奶、盐、黑胡椒拌匀即可。

冬茸蔬食浓汤

材料

材料	用量
冬瓜	80克
芥菜	20克
竹笋	30克
胡萝卜	10克
圆白菜	40克
土豆泥	适量
水	1000毫升

调料

调料	用量
盐	1大匙
黑胡椒	少许

做法

1. 将冬瓜、胡萝卜去皮切丁；芥菜、圆白菜、竹笋切丁，备用。
2. 水放入锅中煮沸，再将以上材料加入其中煮熟。
3. 加入盐、黑胡椒拌匀，再以土豆泥煮匀勾芡即可。

美味小贴士

浓汤除了用面粉炒出浓稠度之外，也可以使用含有淀粉（如土豆）的食材，打成泥来勾芡，这样不但更健康，也更有蔬果的风味。

蛤蜊巧达浓汤

材料

蛤蜊200克，洋葱丁80克，西芹丁60克，胡萝卜丁50克，土豆丁60克，奶油20克，鲜奶油40克，水600毫升，面粉10克，西芹碎适量

调料

盐1/4小匙，黑胡椒碎少许

做法

① 蛤蜊泡水洗净后放入沸水中，焯烫至开口，取出蛤蜊肉备用。

② 热锅放入奶油，以小火煮至奶油融化，再放入洋葱丁、胡萝卜丁、土豆丁、西芹丁炒香。

③ 加入面粉拌匀，再加入水煮至滚沸。

④ 加入鲜奶油、蛤蜊肉煮开后，放入所有调料拌匀，上桌前撒上西芹碎即可。

玉米浓汤

材料

罐头玉米酱1罐，罐头玉米粒1/2罐，熟火腿末1大匙，洋葱末3大匙，高汤600毫升

调料

盐1小匙，白胡椒粉1/4小匙，水淀粉1.5大匙

做法

① 锅烧热，倒入少许色拉油（材料外），放入洋葱末以小火炒至软化。

② 倒入高汤和除水淀粉外的所有调料，煮开后加入玉米粒和玉米酱拌匀。

③ 待汤再次煮开后，淋入水淀粉勾芡。

④ 食用前再撒上熟火腿末即可。

虾米白菜浓汤

材料
大白菜150克，虾米20克，水1200毫升，面粉水适量，奶油50克，姜片20克

调料
盐1小匙，细砂糖1/2小匙

做法
1. 大白菜洗净切粗条，放入沸水中焯烫后沥干；虾米泡水至软后洗净沥干，备用。
2. 热锅，放入虾米、姜片及奶油炒香，再放入大白菜条炒软。
3. 加水煮约15分钟，再加入所有调料拌匀，最后以面粉水勾芡即可。

冬瓜泥浓汤

材料
冬瓜180克，火腿20克，鸡蛋（取蛋清）2个，土豆泥适量，水900毫升

调料
盐1大匙，细砂糖1小匙

做法
1. 冬瓜去皮切块后放入果汁机中打成泥；火腿切成末；蛋清打散，备用。
2. 水放入锅中煮沸，加入冬瓜泥煮熟后，再加入火腿末拌匀。
3. 加入所有调料调味，再以土豆泥煮匀勾芡，最后加入蛋清拌匀即可。

茄汁养生浓汤

🥗 材料

西红柿	80克
洋葱	40克
鸿喜菇	50克
奶油	1小匙
水	900毫升
面粉水	适量
鲜奶	40毫升

🧂 调料

番茄酱	4大匙
盐	1/2小匙

📋 做法

1. 西红柿、洋葱切块；鸿喜菇切丁，备用。
2. 热锅，加入奶油及番茄酱炒香，再放入洋葱及西红柿块炒匀。
3. 放凉后将其倒入果汁机打成糊状，再倒回锅中，加入鸿喜菇丁和所有调料煮匀。
4. 以面粉水勾芡，最后加入鲜奶拌匀即可。

蔬菜糙米浓汤

材料
糙米60克，菠菜40克，黑木耳10克，竹笋30克，鸡蛋（取蛋清）1个，水1400毫升

调料
盐1大匙，胡椒粉1/2小匙

做法
1. 糙米煮成饭后，加水放入果汁机中打成泥状备用。
2. 菠菜、黑木耳、竹笋切小片备用。
3. 将菠菜、黑木耳、竹笋加入糙米泥，放入锅中煮沸。
4. 加入所有调料拌匀，最后打入蛋清拌匀即可。

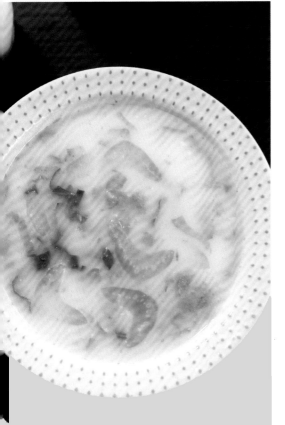

胡萝卜芥菜浓汤

材料
芥菜80克，胡萝卜40克，姜20克，面粉水适量，水1000毫升

调料
盐1大匙，细砂糖1小匙，香油1小匙

做法
1. 芥菜切片；胡萝卜去皮刮成泥状；姜切片，备用。
2. 热油锅，放入胡萝卜泥及姜片炒一下，再加入水及芥菜煮15分钟。
3. 加入盐、细砂糖调味，再以面粉水勾芡，最后加入香油即可。

> **美味小贴士**　利用胡萝卜泥就可以做出蟹黄的效果，不但成本低而且吃起来更健康。

南瓜海鲜浓汤

🍲 材料

南瓜	250克
土豆	10克
洋菇	40克
洋葱	40克
墨鱼	60克
鱼片	40克
虾仁	20克
蛤蜊	8颗
西蓝花	10克
水	1200毫升
鲜奶	40毫升

🧂 调料

盐	1大匙
细砂糖	1小匙
胡椒粉	适量
米酒	2大匙

📋 做法

❶ 南瓜、土豆切块，放入蒸锅中蒸20分钟后，分别压成泥状备用。

❷ 洋菇、洋葱切片；所有海鲜料焯烫，再切小丁(蛤蜊除外)，备用。

❸ 将南瓜泥加入水煮沸后，放入洋菇、洋葱、所有海鲜材料及西蓝花煮匀，再加入所有调料调味，最后加土豆泥拌煮均匀，再放入鲜奶拌匀即可。

咖喱土豆浓汤

材料

土豆	150克
胡萝卜	80克
洋葱	50克
西蓝花	适量
水	1200毫升
鲜奶	30毫升
面粉水	适量

调料

盐	1小匙
咖喱粉	2大匙

做法

1. 土豆、洋葱、胡萝卜去皮切块；西蓝花切小朵，备用。
2. 热锅，倒入少许油，放入洋葱炒软，再加入咖喱粉炒香。
3. 放入土豆、胡萝卜、西蓝花、水及盐煮沸，转小火，盖上锅盖，焖煮25分钟。
4. 以面粉水勾芡，再放入鲜奶拌匀即可。

洋葱蘑菇浓汤

◎ 材料

洋菇40克，洋葱80克，奶油20克，土豆泥适量，水700毫升，鲜奶30毫升

◎ 调料

盐1大匙，细砂糖1小匙

◎ 做法

① 洋葱、洋菇切小块备用。

② 热锅放入奶油及洋葱、洋菇炒香，再加入水煮至沸腾。

③ 加入所有调料煮匀，再加入土豆泥煮匀，最后倒入鲜奶拌匀即可。

法式洋葱汤

◎ 材料

培根20克，洋葱80克，法国面包1片，奶油1大匙，牛绞肉30克，面粉1大匙，高汤400毫升，干酪丝少许，香菜少许

◎ 调料

盐1/4小匙，黑胡椒末少许

◎ 做法

① 培根切丁；洋葱切丝，备用。

② 法国面包切丁后，放入180℃的烤箱中烤6分钟，烤至酥脆后取出备用。

③ 取一炒锅，锅中加入奶油烧至融化，以小火爆香培根丁、洋葱丝，再加入牛绞肉炒至变色后加面粉拌炒。

④ 倒入高汤，以大火煮开后加入所有调料。

⑤ 将汤倒入碗中，再加入面包丁、干酪丝、香菜即可。

洋葱汤

材料
洋葱	500克
奶油	40克
蒜末	10克
法式面包	适量
香菜末	少许
水	800毫升

调料
白酒	15毫升
鸡精	6克
盐	少许
胡椒粉	少许

做法
1. 洋葱洗净，去皮切丝备用。
2. 热锅放入奶油，以中小火烧至奶油融化，加入蒜末炒出香味，再加入洋葱丝慢慢翻炒至洋葱成为浅褐色。
3. 在锅中沿锅边淋入白酒，翻炒几下后加入水及其余调料拌匀后再煮约15分钟，熄火盛出。
4. 法式面包切小丁，放入烤箱中烤至略呈黄褐色，取出撒在汤中，最后撒上少许香菜末即可。

洋葱干酪浓汤

材料
洋葱丝100克，蒜片2颗，蒜苗丝20克，干酪丝1大匙，高汤500毫升，干酪粉1大匙，法国面包1片

调料
红酒50毫升，盐1小匙

做法
1. 洋葱丝、蒜片、蒜苗丝以小火慢炒至呈金黄色后加入干酪粉拌匀。
2. 加入红酒、干酪丝、高汤，以小火熬煮约30钟，加入盐拌匀后装碗。
3. 法国面包放上少许干酪丝（分量外），放烤箱以180℃的温度烤约5分钟至呈金黄色，取出切小块放入浓汤中即可。

洋葱蔬菜燕麦汤

材料
洋葱100克，胡萝卜60克，菜花心80克，燕麦片30克，白胡椒粒2克，水750毫升

调料
白酒1/2大匙，盐1/2小匙

做法
1. 胡萝卜、菜花心去皮切片；洋葱洗净切片；燕麦片洗净，备用。
2. 热锅，加入少许橄榄油（材料外），再放入白胡椒粒炒香。
3. 加入洋葱片炒香，再放入胡萝卜片、菜花心拌炒过后加水煮5分钟。
4. 放入燕麦片、所有调料煮至入味即可。

洋葱嫩鸡浓汤

材料

洋葱	400克
洋菇	100克
鸡腿肉	1只
奶油	1大匙
水	600毫升

调料

A

盐	少许
黑胡椒粉	少许
米酒	1大匙

B

盐	少许
黑胡椒粉	少许

做法

1. 洋葱去皮切丝；洋菇切片；鸡腿肉切成适当大小的块，撒上调料B腌渍，备用。

2. 热锅，倒入1大匙色拉油（材料外），放入奶油融化后，加入洋葱丝，以中小火炒至呈褐色时取出，备用。

3. 倒入少许油（材料外），放入鸡腿肉煎至上色，取出鸡腿肉，放入洋菇片也煎至上色取出，备用。

4. 锅中加入水煮至沸腾，加入炒过的洋葱丝、鸡腿肉、洋菇片，煮约10分钟，再加入其余的调料A拌匀即可。

洋葱西芹汤

材料
洋葱80克，西芹100克，贝壳面40克，火腿15克，面粉少许，水400毫升

调料
盐1/4小匙，黑胡椒粒少许

做法
1. 洋葱、西芹洗净切片；火腿切丁，备用。
2. 贝壳面放入沸水中煮7分钟捞出备用。
3. 热锅加入少许橄榄油（材料外），放入火腿丁炒香，取出备用。
4. 放入洋葱片炒香，然后放入西芹片拌炒。
5. 加入面粉炒匀，再倒入水煮5分钟。
6. 放入贝壳面、火腿丁，再放入所有调料以小火煮匀即可。

乡村浓汤

材料
Ⓐ 高汤600毫升，奶油30克，月桂叶1片，洋葱丝50克　Ⓑ 圆白菜丝50克，洋菇片40克，胡萝卜丝30克，火腿丝40克，番茄酱1大匙，西红柿碎1大匙，低筋面粉14克

调料
盐少许，黑胡椒粉少许，细砂糖少许

做法
1. 取一平锅，用小火将奶油烧至融化，放入月桂叶、洋葱丝以小火炒约5分钟至香味溢出。
2. 依序将所有材料B加入锅中，炒约3分钟后，加入高汤，以小火拌匀煮开，再加入所有调料调味即可。

菠菜奶油浓汤

材料

菠菜叶	200克
蒜末	30克
高汤	300毫升
低筋面粉	1大匙
无盐奶油	2大匙
鲜奶	50毫升
鲜奶油	少许

调料

盐	1/4小匙
白胡椒粉	少许

做法

1 菠菜叶洗净沥干备用。

2 热锅加入1大匙无盐奶油，以小火炒香蒜末后，再加入菠菜叶炒软取出。

3 将炒软的菠菜与高汤倒入调理机中打成泥。

4 另热锅，加入1大匙无盐奶油，放入低筋面粉，以小火炒至有香味溢出后，慢慢加入鲜奶，一边加一边快速拌匀避免结块。

5 鲜奶倒完后，将打好的菠菜汤一同倒入煮开，加入盐和白胡椒粉调味后装盘，再淋入少许鲜奶油即可。

菠菜松子浓汤

材料
菠菜（叶与梗分开）200克，西芹块20克，土豆块100克，橄榄油1大匙，素高汤500毫升（做法参考144页），面包丁适量，松子仁适量

调料
盐1/4小匙

做法
1. 菠菜叶段烫熟后泡冰水，捞起沥干，加入100毫升的素高汤，以果汁机打匀备用。
2. 锅内放入橄榄油，炒香菠菜梗、西芹块，然后加入土豆块、400毫升素高汤，以小火熬煮约20分钟后放至冷却。
3. 将冷却好的蔬菜高汤放入果汁机打匀，加盐调味后，连同菠菜汁一起倒入锅中，以大火煮沸，装碗时放上松子仁、面包丁装饰即可。

蒜味土豆浓汤

材料
蒜苗段20克，蒜5瓣，西芹块20克，土豆块100克，洋葱块20克，鸡高汤400毫升，橄榄油1大匙，动物性鲜奶油10毫升

调料
鸡精1/4小匙

做法
1. 锅内放入橄榄油，炒香蒜苗段、蒜瓣、洋葱块、西芹块。
2. 加入土豆块、鸡高汤以小火熬煮约20分钟后关火放至冷却。
3. 以果汁机打匀后倒回锅中，加入鸡精、动物性鲜奶油调味，放上少许蒜苗丝（材料外）、焦蒜片（材料外）装饰即可。

土豆浓汤

🍲 材料

土豆	300克
洋葱	150克
蒜末	30克
培根	2片
西芹	少许
高汤	400毫升
低筋面粉	2大匙
西芹	少许
无盐奶油	2大匙
鲜奶	100毫升
鲜奶油	适量

🧂 调料

盐	1/4小匙

📖 做法

1. 土豆去皮切片；洋葱切丁备用。

2. 热锅加入1大匙无盐奶油，放入洋葱丁、蒜末和土豆片及高汤煮开后，改以小火煮约8分钟至土豆熟后，倒入调理机中打成泥。

3. 另起锅，加入1大匙无盐奶油，放入低筋面粉，以小火炒至有香味溢出后，慢慢加入鲜奶，边加边快速拌匀避免结块。

4. 鲜奶倒完后，将打好的土豆泥一同倒入煮开，加盐调味，再加入鲜奶油拌匀装盘。

5. 培根片切小段，放入锅中煎至香脆后放至浓汤上，再加上西芹装饰即可。

土豆玉米浓汤

材料

土豆	200克
黄玉米	1/2个
紫玉米	1/2个
洋葱	150克
培根	2片
蒜末	5克
奶油	20克
低筋面粉	5克
水	300毫升
鲜奶	200毫升

调料

盐	少许
黑胡椒粉	少许

做法

1. 土豆去皮、切片，放入蒸锅中蒸熟，取出捣成泥备用。

2. 黄玉米、紫玉米切下玉米粒；洋葱去皮切末；培根切末，备用。

3. 热锅，倒入少许的油（材料外），放入奶油融化，放入蒜末、培根末炒香，再加入洋葱末炒香。

4. 加入玉米粒炒匀后，关火待稍凉，放入过筛的低筋面粉炒匀，加入水、土豆泥煮至沸腾。

5. 加入鲜奶、盐及黑胡椒粉调味即可。

咖喱风南瓜浓汤

材料
南瓜	300克
蒜末	5克
水	400毫升
鲜奶	100毫升

调料
咖喱粉	1大匙
咖喱块	1块
鱼露	1/2大匙
黑胡椒粉	适量

做法

1. 南瓜洗净，带皮切成薄片备用。

2. 热锅，倒入适量油，放入蒜末炒香，加入南瓜片拌炒一下后，加入咖喱粉炒匀。

3. 加入水煮至南瓜变软，关火后待稍冷却，倒入果汁机中打成泥。

4. 将南瓜泥放入锅中煮至沸腾，加入鲜奶、咖喱块、鱼露及黑胡椒粉调味即可。

南瓜苹果浓汤

材料
南瓜块（去籽）	100克
胡萝卜块	20克
西芹块	10克
红薯块	20克
苹果块	20克
水	500毫升
鲜奶	20毫升

调料
盐	1/4小匙

做法
1. 锅内倒入油（材料外），放入西芹块、苹果块、胡萝卜块炒香。
2. 加入红薯块、南瓜块、水、鲜奶，以小火熬煮约10分钟。
3. 将汤放至冷却，以果汁机打匀，加入盐调味即可（可切少许蔬果丁装饰）。

南瓜浓汤

材料

南瓜	500克
西芹	30克
胡萝卜	60克
洋葱	50克
蒜末	10克
高汤	500毫升
无盐奶油	2大匙
鲜奶油	2大匙

调料

盐	1/2小匙
细砂糖	1/4小匙

做法

1. 南瓜切片；西芹、胡萝卜及洋葱切碎。
2. 热锅加入无盐奶油，以小火炒香洋葱碎、西芹碎、胡萝卜碎及蒜末。
3. 加入高汤及南瓜片，以中火煮开后，改转小火煮8分钟，关火略放凉。
4. 将放凉的南瓜连汤汁一起倒入调理机中打成泥。
5. 取锅，倒入南瓜泥汤，加入盐和细砂糖以小火煮开，加入鲜奶油拌匀，再撒上少许的西芹碎（材料外）即可。

罗宋汤

材料

牛肉丁60克，土豆100克，胡萝卜100克，西红柿150克，圆白菜100克，洋葱片80克，月桂叶适量，水1500毫升，西芹80克

调料

盐1小匙，胡椒粉少许，西红柿糊（罐头）2大匙，细砂糖1小匙

做法

① 将牛肉丁入锅焯烫捞起；土豆与胡萝卜去皮切小块；西红柿切块；圆白菜切片；西芹洗净切段，备用。

② 取锅加入水煮开，放入胡萝卜块、土豆块、牛肉丁煮10分钟。

③ 放入洋葱片、西芹段、圆白菜片、西红柿块、月桂叶煮10分钟，最后再加入所有调料煮入味即可。

西红柿洋菇浓汤

材料

西红柿200克，洋菇80克，洋葱100克，土豆100克，火腿末30克，蒜末1/2小匙，吉士粉适量，鸡高汤350毫升，水300毫升

调料

盐1/2小匙，西红柿糊1大匙

做法

① 土豆、洋葱去皮切末，洋菇切片备用。

② 将西红柿洗净压成泥备用。

③ 锅烧热，倒入色拉油1大匙（材料外），放入蒜末、火腿末、土豆、洋葱、洋菇片、西红柿泥和所有调料，以小火炒5分钟。

④ 加入水和鸡高汤，以小火煮20分钟，食用时撒上吉士粉即可。

西红柿鸡肉浓汤

📋 材料

去皮西红柿块	200克
西芹块	10克
土豆块	50克
洋葱块	10克
橄榄油	1大匙
鸡腿肉	50克
甜桃片	30克
鸡高汤	400毫升

🧂 调料

鸡精	1/4小匙
西红柿糊	1大匙

📖 做法

1. 鸡腿肉切小块，放入锅内煎熟，取出备用。

2. 锅内倒入橄榄油，放入西红柿块、洋葱块、西芹块炒香。

3. 加入土豆块、西红柿糊、鸡高汤，以小火熬煮约20分钟后放至冷却。

4. 放入果汁机中打匀，倒回锅中加入鸡精调味，再放入鸡腿肉块煮沸，起锅前再放上甜桃片装饰即可。

野菇浓汤

🦪 材料
美白菇5克，鸿喜菇10克，杏鲍菇20克，西芹块10克，土豆块20克，洋葱块20克，橄榄油1大匙，高汤400毫升，动物性鲜奶油50毫升

🧂 调料
鸡精1/4小匙

🍲 做法
1. 锅内倒入橄榄油，放入美白菇、鸿喜菇、杏鲍菇、西芹块炒香，取出少许鸿喜菇备用。
2. 在炒锅中继续加入土豆块、洋葱块、高汤，以小火熬煮约20分钟放至冷却。
3. 倒入果汁机打匀，加入鸡精、动物性鲜奶油调味，装碗后放上事先取出的鸿喜菇即可。

山药豌豆仁汤

🦪 材料
山药250克，洋葱末20克，豌豆仁20克，水450毫升

🧂 调料
盐1/4小匙，胡椒粉少许

🍲 做法
1. 山药去皮洗净切丁；豌豆仁洗净焯烫，备用。
2. 热锅加入少许橄榄油（材料外），放入洋葱末炒香，再放入山药丁、水煮开约2分钟后，捞出一半的山药丁备用。
3. 将剩余的山药丁与汤放至微凉后，倒入果汁机打均匀。
4. 将打匀的山药汤倒回锅中，再放进捞出的山药丁、豌豆仁与所有调料煮入味即可。

蘑菇浓汤

材料

蘑菇	200克
洋葱	200克
蒜末	30克
高汤	400毫升
低筋面粉	2大匙
鲜奶油	适量
无盐奶油	2大匙
鲜奶	100毫升

调料

盐	1/4小匙
黑胡椒粒	少许

做法

1. 蘑菇切片；洋葱切丁备用。

2. 热锅加入1大匙无盐奶油，放入洋葱丁、蒜末和蘑菇片以小火炒至蘑菇软后取出。

3. 预留下两大匙炒好的蘑菇片，另将剩余的蘑菇片与高汤放入调理机中打成泥。

4. 另热锅，加入1大匙无盐奶油，放入低筋面粉以小火炒至有香味溢出后，慢慢加入鲜奶，一边加一边快速拌匀以避免结块。

5. 鲜奶倒完后，将打好的蘑菇泥一同倒入奶糊中，煮开后，加入盐和黑胡椒粒调味，最后再加入预留的蘑菇片和适量鲜奶油拌匀即可。

洋菇培根浓汤

材料

洋菇	50克
培根	25克
洋葱碎	20克
蒜碎	10克
水	450毫升
面粉	1/2大匙
鲜奶油	50毫升
奶油	适量
西芹碎	适量

调料

盐	1/4小匙
黑胡椒粉	少许

做法

① 洋菇洗净切片；培根切片，备用。

② 热锅，加入奶油烧至融化，再放入蒜碎、洋葱碎、洋菇片、培根片炒香。

③ 加入面粉炒匀，再加水煮开。

④ 加入鲜奶油、所有调料煮匀，撒上西芹碎即可。

芋香奶油浓汤

材料
芋头200克，紫洋葱头末30克，蒜片30克，西芹30克，无盐奶油2大匙，高汤400毫升，鲜奶100毫升，鲜奶油3大匙

调料
盐1/4小匙

做法
1. 芋头去皮切片；西芹切碎备用。
2. 热锅加入2大匙无盐奶油，放入紫洋葱头末、蒜片、西芹碎炒香，加入芋头片和高汤煮开后，改以小火煮约8分钟至芋头片熟后，晾凉倒入调理机中打成泥。
3. 将打好的芋泥及鲜奶、鲜奶油倒入汤锅中，以小火煮开后，加入盐调味即可装盘。
4. 将蒜片（分量外）放入油锅中煎至金黄色后，放至浓汤上即可。

椰奶香芋汤

材料
芋头200克，鲜香菇2朵，烫熟豌豆仁10克，椰浆60毫升，洋葱末10克，水450毫升

调料
盐1/4小匙，细砂糖少许，胡椒粉少许

做法
1. 芋头去皮洗净，切小块；鲜香菇洗净切丝，备用。
2. 热锅加入油（材料外），放入香菇丝炒香后取出，再放入洋葱末、芋头块炒香。
3. 加入水煮开，待微凉后捞出一半芋头块备用。
4. 将剩余芋头块与汤一起放入果汁机中打匀再倒回锅中。
5. 加入炒好的香菇丝与捞出的芋头块，煮开后加入椰浆、所有调料，待入味后再加入烫熟的豌豆仁即可。

汤叶豆浆浓汤

材料

生腐皮100克，嫩豆腐1/2盒，猪五花薄肉片100克，高汤200毫升，无糖豆浆300毫升，葱1根

调料

盐少许，白胡椒粉少许，米酒1大匙，味淋1小匙

做法

① 嫩豆腐切丁；生腐皮放入沸水中焯烫后切丝；猪五花薄肉片切段；葱切段，备用。

② 将无糖豆浆、高汤放入锅中煮沸，加入猪五花薄肉片煮至熟。

③ 加入生腐皮丝、豆腐丁及葱段，再加入其余调料煮匀即可。

意式鲜虾蔬菜汤

材料

培根丁20克，圆白菜丁10克，西芹丁5克，胡萝卜丁2克，西红柿丁30克，高汤500毫升，土豆丁20克，橄榄油1小匙，鲜虾仁6尾

调料

盐1/2小匙，胡椒粉1/4小匙，意大利综合香料1/4小匙

做法

① 鲜虾仁放入沸水中焯烫后取出备用。

② 热油锅，放入培根丁、圆白菜丁、西芹丁、胡萝卜丁、西红柿丁炒香。

③ 加入土豆丁、意大利综合香料、高汤，以小火熬煮约20分钟。

④ 煮至土豆软化、汤汁浓稠后，放入鲜虾仁，以盐、胡椒粉调味，再淋上橄榄油即可。

高纤青豆浓汤

材料
青豆仁	50克
洋葱块	5克
西芹块	10克
土豆块	20克
综合坚果仁	10克
鸡高汤	500毫升

调料
盐	1/4小匙

做法
1. 取一半的青豆仁加鸡高汤100毫升，放入果汁机打至呈浓稠状备用。
2. 热锅，加入油，放入洋葱块、西芹块炒香，然后加入剩余的青豆仁、鸡高汤、综合坚果仁、土豆块。
3. 小火熬煮至土豆块软化，关火待冷却后，放入果汁机中打成泥，再倒回锅中，加入青豆汤煮沸，以盐调味即可。

菜花鸡肉浓汤

材料
菜花1个，胡萝卜30克，洋葱1/2个，西芹2根，蒜3瓣，鸡胸肉1片，月桂叶2片，高汤800毫升，奶油1小匙

调料
黑胡椒粉少许，蒜头粉1小匙，盐少许

做法
1. 菜花洗净切成小朵备用。
2. 胡萝卜、洋葱、西芹、蒜瓣洗净切成小丁备用。
3. 鸡胸肉洗净切成小丁，备用。
4. 起一油锅，加入鸡胸肉丁，以大火炒香，再加入菜花、胡萝卜、洋葱、西芹、蒜瓣和所有调料，以中火翻炒匀。
5. 在锅中倒入高汤，盖上锅盖，以中火煮约15分钟即可。

美式西蓝花浓汤

材料
奶油30克，月桂叶1片，洋葱50克，芹菜末2克，西蓝花2朵，鸡肉50克，火腿20克，低筋面粉14克，炸土司丁10克，高汤500毫升，鲜奶100毫升

调料
盐少许，细砂糖少许

做法
1. 洋葱切丁；火腿切丁；鸡肉切小丁，备用。
2. 取一平锅，用小火将奶油煮至融化，放入月桂叶、洋葱丁、鸡肉丁、低筋面粉，以小火炒约5分钟至香味溢出。
3. 依序将火腿丁、高汤、鲜奶、芹菜末加入锅中拌匀，煮开后再加入西蓝花以及所有调料调味，最后撒上炸土司丁即可。

西蓝花奶酪汤

材料

西蓝花	200克
洋葱	80克
土豆	100克
胡萝卜	50克
熟鸡肉	80克
切达干酪	180克
奶油	50克
高汤	1000毫升
鲜奶	100毫升

调料

盐	1小匙

做法

1. 将西蓝花去除粗茎，洗净切小朵；熟鸡肉切丁；切达干酪刨丝。
2. 将洋葱、土豆、胡萝卜均洗净，去皮切丁。
3. 将奶油放入锅中烧融，加入洋葱丁以小火炒至变软，再加入胡萝卜丁和土豆丁炒匀。
4. 加入高汤，以中火煮约15分钟，再加入西蓝花、鸡肉丁、鲜奶及150克的干酪丝，续煮约10分钟后加入盐调味盛起。
5. 将剩余的30克干酪丝撒上即可。

葡汁什锦蔬菜汤

材料
西芹60克，洋葱30克，胡萝卜20克，泡发香菇5朵，杏鲍菇80克，玉米笋60克，蒜末1小匙，水300毫升，奶油1大匙

调料
咖喱1小匙，细砂糖1/2小匙，盐1小匙

做法

❶ 泡发香菇切小块；其他蔬菜都切片，备用。

❷ 起锅，放入奶油烧融，放入蒜末、洋葱片、胡萝卜片、泡发香菇炒香，再加入西芹片、杏鲍菇片、玉米笋片炒至熟软。

❸ 加入水和所有调料煮开即可。

墨西哥蔬菜汤

材料
洋葱1个，西芹80克，芦笋50克，胡萝卜1个，圆白菜100克，西红柿高汤1200毫升（做法参考141页）

调料
盐1小匙，鸡精1小匙，墨西哥辣椒粉1小匙，匈牙利红椒粉2小匙

做法

❶ 洋葱、胡萝卜去皮切块；西芹洗净切块；芦笋洗净削除粗皮；圆白菜洗净剥成片，备用。

❷ 将以上所有食材放入锅中，加入西红柿高汤及所有调料煮15分钟即可。

咖喱综合蔬菜汤

🥘 材料

日式三角油豆腐	3块
鲜香菇	2朵
茄子	1/2个
洋葱	1/2个
红甜椒	1/3个
黄甜椒	1/3个
胡萝卜	50克
玉米笋	40克
四季豆	2根
蒜末	10克
姜末	10克
蔬菜高汤	600毫升
（做法参考142页）	

🍶 调料

咖喱粉	20克
咖喱块	20克
辣椒粉	2克

🍳 做法

① 三角油豆腐、鲜香菇、玉米笋均洗净；茄子洗净去蒂；洋葱、胡萝卜均洗净，去皮；红甜椒、黄甜椒均洗净、去蒂及籽；以上食材均切成小滚刀块，备用。

② 四季豆洗净切段，放入开水中焯烫至变为翠绿色，捞出沥干，备用。

③ 热锅倒入3大匙色拉油（材料外）烧热，放入蒜末、姜末炒出香味，依序放入三角油豆腐、鲜香菇、玉米笋、茄子、洋葱、胡萝卜、红甜椒、黄甜椒及辣椒粉充分拌炒均匀。

④ 将咖喱粉加入锅中继续拌炒均匀，再加入蔬菜高汤以大火煮开，改中小火续煮约15分钟，放入切碎的咖喱块拌煮至完全均匀，最后放入烫好的四季豆即可。

咖喱蔬菜汤

材料

A
西蓝花	30克
胡萝卜	100克
土豆	150克
西红柿	1个
洋菇	50克
玉米	1个
洋葱丝	1/2大匙
蒜（切末）	2瓣

B
奶油	适量
水	500毫升
鲜奶	300毫升

调料
柴鱼酱油	1大匙
咖喱块	25克
咖喱粉	1大匙

做法

1. 西蓝花洗净切小朵，放入开水中焯烫至变成翠绿色，捞起泡冷水后，沥干备用。

2. 胡萝卜、土豆洗净去皮，和西红柿、洋菇皆切成丁；玉米切段，备用。

3. 锅烧热，加入少许色拉油（材料外），再加入奶油烧至融化，将蒜末、洋葱丝炒香，放入胡萝卜、土豆、西红柿、洋菇和玉米段，充分拌炒后关火。

4. 加入咖喱粉拌炒均匀，倒入水后再次开火煮约20分钟，加入鲜奶、柴鱼酱油和咖喱块边煮边拌匀，再放入西蓝花即可。

羹汤勾芡常用芡粉

日本淀粉

日本淀粉是土豆淀粉制成的白色粉末，勾芡的效果最佳，透明度高、浓稠感适中。

传统淀粉

传统淀粉是树薯淀粉制成的白色粉末，颜色比日本淀粉略灰白一些，颗粒也较粗，是勾芡最常用的芡粉。

绿豆粉

勾芡用的绿豆粉是由绿豆淀粉制成的浅乳白色粉末，与一般糕点所使用颜色较绿的绿豆粉不同，虽可用于羹汤的勾芡，但透明度较差。

藕粉

藕粉是由莲藕淀粉制成的浅粉红色粉末，勾芡后浓稠度较高，口感也更加柔嫩滑顺。

红薯粉

红薯粉是红薯淀粉制成的白色粉末，颗粒更加粗大，吸水率较低，勾芡后的浓稠度较不易掌握，口感也会比较黏稠。

勾芡技巧总整理

不论使用哪一种芡粉，勾芡时的技巧都一样，只要注意以下 4 点，就能做出满意的羹汤来。

秘诀 1：芡粉水的比例

调制芡粉水时，水和粉的比例为1：1.2或1：1.5，为了不将羹汤的味道冲淡，通常会采用1：1.2的比例。

技巧 2：汤开了再淋入

当羹汤煮开后才可以淋入芡粉水，滚沸的状态可以帮助芡粉水快速散开，避免沉入锅底结块。

技巧 3：淋入时须搅拌

为了让芡粉水与羹汤快速地混合均匀，在淋入的同时必须不断地搅拌，不过要注意芡粉水全部加入之后就不能再过度搅拌。

技巧 4：稠度适中即可

每一次制作时未必都使用相同的芡粉水量，因为火力的差异也许会使羹汤的分量有所不同，所以每次勾芡时除了要注意比例外，也要实际观察羹汤的浓稠度，即使芡粉水还未完全加入，如果稠度已经够了，就可以停止。

白菜羹

材料

大白菜	300克
胡萝卜	20克
竹笋	60克
水	1000毫升
香菇	4朵

调料

盐	1小匙
细砂糖	1/2小匙
陈醋	1大匙
水淀粉	适量
香油	1小匙

做法

1. 大白菜洗净切丝；胡萝卜洗净去皮切丝；竹笋去壳洗净切丝，备用；香菇洗净切半。

2. 水放入锅中煮沸，将白菜丝、胡萝卜丝、竹笋丝、香菇片放入煮软，再加入盐、细砂糖、陈醋煮匀。

3. 以水淀粉勾芡后，淋入香油即可。

蛋酥蔬菜羹

🍲 材料

大白菜	120克
胡萝卜	30克
玉米笋	50克
黄豆芽	20克
鸡蛋	2个
水	1200毫升

🧂 调料

盐	1小匙
细砂糖	1/2小匙
米酒	1大匙
香油	1小匙
水淀粉	适量

📋 做法

1. 鸡蛋打散，倒入180℃油温的油锅中，炸成蛋酥备用。

2. 大白菜、胡萝卜、玉米笋切条备用。

3. 水放入锅中煮沸，将大白菜、胡萝卜、玉米笋及黄豆芽放入煮软，再加入盐、细砂糖、米酒调味。

4. 以水淀粉勾芡，再放入香油及蛋酥即可。

八宝蔬菜鲜鸡羹

材料
鸡胸肉	200克
山药	40克
鲜香菇	20克
草菇	20克
胡萝卜	20克
竹笋	40克
玉米笋	30克
西芹	40克
豌豆荚	20克
水	1500毫升

腌料
盐	1大匙
酱油	1小匙
米酒	2大匙
淀粉	适量

调料
盐	1大匙
香油	1大匙
白胡椒粉	适量
米酒	2大匙
水淀粉	适量

做法
1. 鸡胸肉切丁，加入所有腌料，腌10分钟备用。
2. 山药、胡萝卜去皮切丁；香鲜菇、草菇、竹笋、玉米笋、西芹、豌豆荚切成丁。
3. 热锅，倒入少许油，放入以上所有材料炒熟。
4. 加入盐、白胡椒粉、米酒调味，再加入水煮至沸腾后，以水淀粉勾芡，最后加入香油即可。

美味小贴士

鸡胸肉的口感比较涩，所以在腌肉的时候可以加入一些淀粉，淀粉遇热会在鸡胸肉表面形成一层黏滑的薄膜，这样入口就会滑顺不干涩了。

豆腐翡翠海鲜羹

材料

豆腐1盒，金针菇20克，菠菜40克，胡萝卜10克，姜10克，虾仁30克，墨鱼40克，蛤蜊10颗，鱼片30克，水1200毫升

调料

盐1大匙，细砂糖1小匙，胡椒粉少许，米酒1大匙，香油1大匙，水淀粉适量

做法

1. 豆腐切小丁；金针菇、菠菜切小段；胡萝卜去皮切小丁；姜切小丁，备用。

2. 虾仁、墨鱼、鱼片焯烫后切小丁；蛤蜊焯烫至开壳备用。

3. 水放入锅中煮沸，放入所有材料煮熟，再以水淀粉勾芡，最后放入其余调料拌匀即可。

墨鱼蔬食羹

材料

墨鱼120克，青椒30克，黄甜椒20克，葱15克，圆白菜30克，辣椒1个，水1000毫升

调料

酱油1大匙，细砂糖1小匙，陈醋2大匙，香油1大匙，水淀粉适量

做法

1. 墨鱼去内脏洗净后，切成块，表面切花，备用。

2. 青椒、黄甜椒、圆白菜切成块；辣椒、葱切小段，备用。

3. 热锅，加入少许油，放入辣椒、葱段炒香，再放入青椒、黄甜椒、圆白菜炒匀。

4. 加入墨鱼块及所有调料（香油和水淀粉除外）炒熟后，加入水煮至沸腾，再以水淀粉勾芡，最后淋入香油即可。

苋菜银鱼羹

材料

银鱼	50克
苋菜	180克
蒜	3瓣
红辣椒	1/3个
姜	5克
黑木耳	1片
高汤	700毫升

调料

白胡椒粉	少许
柴鱼粉	1小匙
盐	少许
香油	1小匙
水淀粉	2大匙

做法

1. 银鱼洗净沥干；苋菜去蒂切段，泡水备用。

2. 蒜、红辣椒、姜都用清水洗净切成片；黑木耳洗净切成丝备用。

3. 取汤锅，加入1大匙色拉油（材料外），再加入蒜片、红辣椒、姜片、黑木耳，以中火爆香，然后加入银鱼、高汤和除水淀粉外的所有调料，以中小火煮约10分钟。

4. 加入苋菜段，以中火煮约5分钟，起锅前加入水淀粉勾薄芡即可。

133

芥菜豆腐羹

材料

芥菜心250克，豆腐150克，高汤400毫升，猪瘦肉50克，枸杞子5克，姜末5克

调料

盐1/4小匙，白胡椒粉1/8小匙，香油1小匙，水淀粉1.5大匙

做法

1. 芥菜心洗净与豆腐切小丁；猪瘦肉切小丁，与芥菜心一起放入滚水中略焯烫后，捞起冲凉沥干备用。

2. 取锅，加入高汤煮沸后，加入姜末、枸杞子及芥菜心、豆腐丁、瘦肉丁，以小火煮沸约5分钟后，加入盐和白胡椒粉调味，然后加入水淀粉勾薄芡，最后淋入香油即可。

三丝豆腐羹

材料

Ⓐ 板豆腐1大块，猪肉丝50克，胡萝卜丝30克，笋丝30克 Ⓑ 高汤1大碗

调料

盐1小匙，胡椒粉1小匙，香油1大匙，水淀粉1大匙

做法

1. 板豆腐切丝，同其余材料A一起以开水焯烫，捞起沥干水分备用。

2. 锅中放入高汤及所有材料A煮开后，以盐、胡椒粉调味，再以水淀粉勾薄芡，起锅前淋入香油即可。

菩提什锦羹

材料

素肉50克，魔芋1片，素火腿20克，胡萝卜30克，竹笋50克，香菜2根，蔬菜浓汤底700毫升（做法参考143页）

调料

白胡椒粉少许，盐少许，香油1大匙，水淀粉1大匙

做法

1. 素肉泡冷水10分钟至软，捞起沥干切成丝备用。
2. 魔芋、素火腿、胡萝卜、竹笋都切成丝；香菜洗净切碎，备用。
3. 取一个汤锅，先加入1大匙香油，再加入素肉丝，以中火炒香，续加入魔芋、素火腿、胡萝卜、竹笋丝和除水淀粉外的调料翻炒均匀。
4. 锅中倒入蔬菜浓汤底，盖上锅盖，以中小火煮约15分钟，起锅前加入水淀粉勾薄芡，并撒上香菜碎即可。

什锦蔬菜羹

材料

竹笋80克，泡发黑木耳50克，胡萝卜50克，圆白菜100克，豆腐100克，香菜5克

调料

高汤600毫升，盐1/4小匙，白胡椒粉1/6小匙，水淀粉2大匙，香油1小匙

做法

1. 竹笋、泡发黑木耳、胡萝卜、圆白菜和豆腐洗净切丝备用。
2. 取锅，加入高汤和以上所有材料后，以中火煮开，再改转小火煮约3分钟，加入盐和白胡椒粉调味，再加入水淀粉勾薄芡，最后撒上香菜、淋上香油即可。

青菜竹笋羹

🥗 材料
上海青150克，竹笋100克，胡萝卜50克，虾米20克，姜末5克，高汤400毫升

🥄 调料
盐1/4小匙，白胡椒粉1/8小匙，香油1小匙，水淀粉1.5大匙

🍲 做法
1. 上海青洗净后切粗丝；竹笋和胡萝卜切细丝；虾米泡水10分钟后捞起沥干备用。
2. 热锅加入1大匙油（材料外），放入虾米和姜末炒香后，加入上海青、竹笋、胡萝卜、虾米翻炒，然后将高汤倒入煮开后，再以小火煮开约2分钟，加入盐和白胡椒粉调味，最后加入水淀粉勾薄芡，淋入香油即可。

银耳金针羹

🥗 材料
泡发银耳100克，泡发黑木耳80克，猪肉丝50克，金针菇100克，姜丝5克，高汤600毫升

🥄 调料
盐1/4小匙，白胡椒粉1/8小匙，香油1小匙，水淀粉1.5大匙

🍲 做法
1. 泡发银耳及泡发黑木耳切丝；金针菇切去根部；猪肉丝放入开水中略焯烫后捞起沥干备用。
2. 取锅，倒入高汤、银耳丝和黑木耳丝煮开后，盖上锅盖以小火焖煮约15分钟让木耳软烂，再加入金针菇、猪肉丝和姜丝，以小火煮开约3分钟，加入盐和白胡椒粉调味后，再以水淀粉勾薄芡，淋入香油即可。

干贝冬瓜羹

材料
冬瓜200克，干贝30克，枸杞子5克，姜丝5克，高汤400毫升

调料
盐1/4小匙，白胡椒粉1/8小匙，香油1小匙，水淀粉1.5大匙

做法
1. 冬瓜去皮切丝备用。
2. 干贝放入碗中加100毫升的水（材料外），放入电饭锅蒸至开关跳起，蒸好后的汤汁留下，干贝剥丝备用。
3. 取锅，倒入高汤和干贝汤汁煮开后，加入姜丝、枸杞子及冬瓜丝，以小火煮开约5分钟，加入盐和白胡椒粉调味后，再加入水淀粉勾薄芡，放上干贝丝，淋入香油即可。

发菜豆腐羹

材料
发菜20克，板豆腐1块，黄豆芽100克，香菇蒂8朵，水600毫升

调料
盐1/2小匙，水淀粉1.5大匙

做法
1. 发菜泡水至涨发，洗干净后沥干水分；淀粉加2大匙水（分量外）调匀，备用。
2. 板豆腐洗净切细丝；黄豆芽洗净，去除根部；香菇蒂洗净，备用。
3. 热锅加入1小匙油（材料外）烧热，加入黄豆芽爆炒至略软，加入水及香菇蒂，以小火煮半小时，过滤出汤汁继续烧开，加入盐与发菜拌匀，待再次煮开后慢慢倒入水淀粉，待汤汁浓稠后再加入板豆腐丝煮匀即可。

发菜羹汤

材料

发菜	1把
竹笋	100克
鲜香菇	2朵
猪里脊肉	50克
高汤	600毫升

调料

鸡精	1小匙
盐	少许
白胡椒粉	少许
柴鱼粉	1大匙
陈醋	1大匙
水淀粉	1大匙

腌料

白胡椒粉	少许
蒜（切碎）	1瓣
酱油	1小匙
香油	少许
盐	少许

做法

1. 发菜洗净，在冷水中泡约15分钟；猪里脊肉切成小条，放入腌料中腌渍约15分钟，备用。

2. 竹笋洗净，切成小条；鲜香菇洗净切成片，备用。

3. 取一汤锅，加入1大匙色拉油（材料外），再加入竹笋条和香菇片，以中火爆炒均匀。

4. 加入所有调料（陈醋和水淀粉除外）、发菜和猪里脊肉炒匀。

5. 倒入高汤，盖上锅盖，以中火煮约10分钟，再加入陈醋和水淀粉，煮至呈浓稠状即可。

蔬菜浓汤

材料

小白菜50克，土豆1个，胡萝卜100克，洋葱1个，西芹3根，蒜5瓣，水700毫升

调料

白胡椒粉少许，鸡精1小匙，盐少许

做法

1. 小白菜、胡萝卜、土豆、洋葱、西芹洗净切成小块；蒜瓣拍碎，备用。
2. 起一油锅，加入以上所有材料先炒香。
3. 锅中加入所有调料煮开。
4. 边煮边捞除浮在表面的杂质，煮沸后再以中火煮约20分钟。
5. 用筛子过滤出高汤即可。

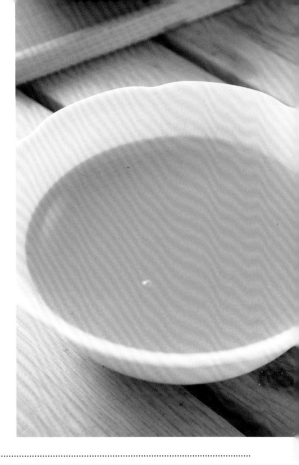

海带香菇高汤

材料

干香菇30克，海带20克，腌渍梅子1颗，水2000毫升

做法

1. 香菇洗净；海带以干净的湿布擦拭干净，与香菇一起放入大碗中，加入水、腌渍梅子浸泡半天。
2. 将香菇、海带、腌渍梅子一起倒入汤锅中，以中小火煮约10分钟至略开时熄火，最后再滤出高汤即可。

美味小贴士 海带高汤主要是利用浸泡的方式使材料释放出味道，因为海带如果久煮，会使汤汁变得混浊，口感也不够清爽。煮的时候也要避免汤汁过于沸腾，而应该在汤汁稍微出现沸腾的小气泡时就马上熄火。

海带高汤

⏱ 材料
海带30克，姜片10克，水1800毫升

🗂 调料
盐1/2小匙

🍲 做法
1. 先将海带用纸巾擦干净备用。
2. 将海带放入水中浸泡20分钟，沥干备用。
3. 锅中放入姜片、海带，加水和盐后煮开，转小火煮3分钟即可。

> **美味小贴士** 　海带要用干净的卫生纸或纸巾先擦过，将上面的灰尘擦去。要注意不要让剩下不用的海带沾到水，否则不利于储存。

蔬果高汤

⏱ 材料
圆白菜250克，玉米120克，胡萝卜200克，西芹100克，苹果100克，水2000毫升，西红柿150克

🗂 调料
盐1/2小匙

🍲 做法
1. 圆白菜洗净切大片；西芹洗净切段；玉米、胡萝卜洗净切块；苹果、西红柿洗净切片，备用。
2. 锅中倒入水煮开，放入玉米块、胡萝卜块煮5分钟。
3. 放入圆白菜片、西芹段、苹果片、西红柿片煮开，再以小火煮40分钟，加盐调味即可。

西红柿高汤

材料

西红柿500克，洋葱2个，水3000毫升，胡萝卜2根

调料

盐1小匙，鸡精1小匙

做法

1. 将所有蔬菜材料洗净，西红柿、胡萝卜切大块，洋葱去皮切大块，备用。
2. 将以上材料放入深锅中，加入水及所有调料煮沸。
3. 转小火熬煮1小时，捞除材料留高汤即可。

美味小贴士　做西红柿汤底的西红柿最好选择较软、口味较酸且汤汁多的品种，这样煮出来的汤头味道才会足，不建议使用味道清淡且汤汁少的桃太郎西红柿，或是口味太甜的圣女果。

素高汤

材料

皮丝300克，干香菇30克，胡萝卜120克，玉米240克，圆白菜200克，甘草片2片，水2000毫升

调料

盐1小匙，胡椒粒1大匙

做法

1. 皮丝、干香菇分别浸泡清水至膨胀，取出挤干水分备用。
2. 胡萝卜去皮，切滚刀块；圆白菜洗净，切大片；玉米切段，备用。
3. 将所有材料、胡椒粒及水放入锅中煮至沸腾，转中小火继续炖煮约30分钟。
4. 加盐调味，过滤材料、捞除浮末取汤汁即可。

蔬菜高汤

🍲 材料

洋葱	150克
西芹	50克
胡萝卜	150克
圆白菜	200克
西红柿（中型）	2个
苹果（小型）	1个
水	2000毫升
月桂叶	2片

🧂 调料

黑胡椒粒	10粒
盐	3克

📋 做法

① 将所有蔬菜材料洗净，洋葱去皮切大块；西芹切段；胡萝卜去皮切小块；圆白菜切片；西红柿去蒂切块；苹果切块，备用。

② 将水倒入汤锅中，加入处理好的所有材料，再加入月桂叶和整颗黑胡椒粒以大火煮开，改以中小火续煮约30分钟至蔬菜香味溢出。

③ 加盐调味，滤出高汤即可。

PART 3

蔬菜锅物篇

中国人爱吃火锅，"围炉聚饮欢呼处，百味消融小釜中"就传神地描写了吃火锅的热闹场面。但现在，人们已经不满足于"火锅"单一的吃法，而是将边烧煮边享用的美食统称为"锅物"。寒风乍起时，与家人其乐融融地吃上一顿，那滋味，妙不可言！

魔芋白菜锅

材料
素高汤1200毫升，大白菜200克，魔芋丝100克，秀珍菇50克，葱花10克，魔芋结6个

调料
盐2小匙，香菇粉1小匙

做法
❶ 将大白菜洗净剥片；秀珍菇洗净，备用。

❷ 将大白菜、秀珍菇、魔芋丝、魔芋结放入锅中，加入素高汤炖煮10分钟。

❸ 放入葱花以及所有调料略煮即可。

> **美味小贴士** 用来煮锅物的大白菜最好选用叶片多的品种，不但口感好，更可以吸取高汤汤汁。所以不要选梗多叶少的，否则吃起来口感太硬，又不易吸附汤汁。

洋风蔬菜锅

材料
Ⓐ 水1000毫升　Ⓑ 红甜椒1个，黄甜椒1个，玉米笋100克，西蓝花150克

调料
西红柿意大利面酱1罐（250克装）

做法
❶ 先将材料B全部洗净。

❷ 红甜椒、黄甜椒切条；玉米笋切对半；西蓝花切小朵备用。

❸ 取一锅，将调料和水放入锅中，以大火煮开，再放入所有材料B煮熟即可。

蔬菜锅

材料
圆白菜	200克
黄豆芽	100克
胡萝卜	100克
柳松菇	30克
芹菜	40克
水	1500毫升

调料
盐	适量

做法
1. 圆白菜洗净,切成小片;黄豆芽、柳松菇洗净,备用。
2. 胡萝卜去皮,切成小片;芹菜洗净,切成小段,备用。
3. 将以上所有材料放入锅中,加入水,用中火煮至滚沸,再转小火煮15分钟,加入盐调味即可。

注:可搭配自己喜爱的火锅料食用。

美味小贴士　蔬菜本身就带有清甜的香味,像圆白菜、豆芽菜和胡萝卜等,是最常用的熬汤食材,不需添加过度的调料,这样既可保持清爽的口感,食材原有的香气也不会受到破坏。

西红柿锅

材料

西红柿	2个
姜末	20克
蔬菜高汤	1000毫升

（做法参考142页）

调料

番茄酱	4大匙
盐	1大匙
细砂糖	1大匙

做法

1. 将西红柿洗净，切成块。
2. 热锅，加入油（材料外），放入西红柿块炒香，再放入姜末炒匀。
3. 放入所有调料煮匀。
4. 加入蔬菜高汤煮开即可。

美味小贴士　西红柿锅汤头要香，就要将西红柿先炒过，再加入番茄酱炒香，这样西红柿才能释放出茄红素，增加色泽和香气。

洋葱西红柿锅

材料

洋葱	1个
西红柿	3个
鸡肉	150克
芦笋	30克
魔芋结	50克
西红柿高汤	1200毫升

（做法参考141页）

调料

盐	2小匙

做法

1. 洋葱去皮切丝；西红柿洗净切大瓣；芦笋洗净削除粗皮，备用。

2. 鸡肉洗净，切大块备用。

3. 将以上所有材料连同魔芋结一起放入锅中，加入西红柿高汤及盐炖煮20分钟即可。

西红柿菇菇锅

📋 材料

A

西红柿	1个
水	1000毫升

B

鸿喜菇	80克
美白菇	80克
杏鲍菇	100克
草菇	80克
鲜香菇	3朵
秀珍菇	80克
西红柿片	60克

🧂 调料

鲣鱼酱油	30毫升
盐	少许
鸡精	1/4小匙
番茄酱	1大匙
细砂糖	1小匙

📖 做法

❶ 将材料A的西红柿切块，与水一起煮约10分钟以上，煮至西红柿糊烂时加入所有调料调味，最后过滤掉西红柿皮即为汤底。

❷ 鸿喜菇、美白菇洗净去蒂头；杏鲍菇切片；鲜香菇去梗；草菇、秀珍菇洗净，备用。

❸ 取锅，倒入适量西红柿汤底，放入所有的菇类及西红柿片煮至滚沸即可。

注：可搭配自己喜欢的青菜一起煮熟食用。

西红柿养生锅

材料

西红柿	4个	金针菇	1把
胡萝卜片	50克	魔芋结	8个
鲜香菇	5朵	嫩豆腐	1盒
香茅段	1根	圆白菜	1/4棵
月桂叶	2片		
肉桂条	1根	**调料**	
枸杞子	1大匙	白胡椒粉	少许
姜片	20克	香油	少许
水	1000毫升	盐	少许
素肉片	20克		

做法

❶ 西红柿洗净切大块；鲜香菇去蒂切片，备用。

❷ 素肉片放入水中泡发，再将水分拧干，备用。

❸ 金针菇去蒂；嫩豆腐切大块；圆白菜切块，备用。

❹ 热锅，倒入1大匙色拉油（材料外），加入素肉片，以中火爆香，加入西红柿、鲜香菇、胡萝卜片、姜片、月桂叶、香茅段、肉桂条、水与所有调料，以中火煮约10分钟。

❺ 加入金针菇、嫩豆腐、圆白菜、魔芋结和枸杞子，以中火续煮约3分钟即可。

南瓜锅

材料
南瓜　　　　800克
姜末　　　　40克
蔬菜高汤　　1500毫升
（做法参考142页）
水　　　　　200毫升

调料
盐　　　　　1大匙
细砂糖　　　1小匙

做法
❶ 南瓜去皮切块，放入果汁机中，加适量清水打成泥。
❷ 将南瓜泥倒入锅中，加入蔬菜高汤，边煮边搅拌均匀。
❸ 加入姜末和所有调料煮匀即可。

美味小贴士　南瓜汤头的做法和南瓜浓汤的方法类似，如果不想用果汁机打碎，也可以先用电饭锅蒸熟，趁热压烂，再加高汤煮匀，这样吃起来就会既有南瓜的香气，也有颗粒的口感。

芦笋鲜菇豆浆锅

材料

芦笋	5根
鲜香菇	3朵
鸿喜菇	100克
胡萝卜	1/2根
西蓝花	50克
豆浆	600毫升
蔬菜高汤	600毫升
（做法参考142页）	

调料

盐	1小匙

做法

❶ 将豆浆和蔬菜高汤以1∶1的比例加入锅中即成豆浆汤底，备用。

❷ 芦笋洗净，削除粗皮；鲜香菇洗净；鸿喜菇洗净剥散；胡萝卜洗净切片；西蓝花洗净切小朵，备用。

❸ 将所有蔬菜放入锅中，加入豆浆汤底与所有调料，炖煮10分钟即可。

山药豆浆锅

🍲 材料

山药	600克
红枣	10个
葱段	30克
姜片	20克
豆浆	600毫升
鸡高汤	400毫升

（做法参考158页）

🧂 调料

盐	1小匙

📋 做法

1. 山药去皮后切成约拇指粗细的条。

2. 红枣略洗净后与山药条、姜片、葱段放入汤锅中。

3. 加入鸡高汤及豆浆，煮开后改小火，煮约5分钟，加盐调味即可。

注：可依个人喜好加入各式肉类及海鲜、蔬菜等（如图所示）。

甘露杏鲍菇锅

材料
海带高汤　　　1000毫升
（做法参考140页）
杏鲍菇　　　　2根
大白菜　　　　200克
胡萝卜　　　　1/2根
西蓝花　　　　100克

调料
盐　　　　　　1小匙
日式酱油　　　1.5大匙
味淋　　　　　2小匙

做法
❶ 杏鲍菇、胡萝卜洗净切片；大白菜洗净剥片；西蓝花洗净切小朵，备用。

❷ 将以上所有食材放入锅中，加入海带高汤、盐、日式酱油、味淋炖煮15分钟即可。

美味小贴士　　杏鲍菇与日式酱油非常对味，不过要稍微炖煮久一点才会入味。

什锦菇养生锅

🍲 材料

鲜香菇	6朵
珊瑚菇	8朵
钮扣菇	10朵
金针菇	1把
干香菇	5朵
月桂叶	2片
水	600毫升
猪肉片	200克
嫩豆腐	1盒
玉米	1根
玉米笋	10根
葱花	10克

🧂 调料

白胡椒	少许
鸡精	1大匙
盐	少许

📖 做法

❶ 将鲜香菇、钮扣菇都切块；金针菇、珊瑚菇去头；干香菇泡水切片，备用。

❷ 玉米笋去蒂；玉米切段；嫩豆腐切大块，备用。

❸ 取一锅，加入以上所有材料及月桂叶、猪肉片、水与所有调料，以中火煮约20分钟。

❹ 撒上葱花即可。

养生山药锅

材料
素高汤1200毫升（做法参考145页），山药200克，红苋菜100克，金针菇2把，洋菇50克，西红柿1个

调料
盐2小匙，香菇粉1小匙

做法
1. 山药去皮，切滚刀块；红苋菜洗净切段；金针菇洗净剥散；洋菇洗净切半；西红柿洗净切片，备用。
2. 将山药块、金针菇、洋菇片、西红柿片放入锅中，加入素高汤、所有调料炖煮20分钟，再加入红苋菜段烫熟即可。

七彩神仙锅

材料
牛蒡50克，土豆80克，白萝卜80克，胡萝卜50克，山药80克，黄豆芽20克，海带结30克，菱角30克，三角豆干20克，鲜香菇3朵，西蓝花50克，枸杞子适量，芋头50克，素高汤1200毫升（做法参考144页）

调料
盐1小匙

做法
1. 牛蒡、土豆、胡萝卜、白萝卜、山药去皮洗净切块；鲜香菇洗净切块，备用。
2. 西蓝花去除粗纤维洗净，择小朵；海带结、菱角、黄豆芽以及三角豆干洗净，备用。
3. 取一锅，倒入所有调料煮至滚沸，再放入所有材料以小火煮约30分钟即可。

水果泡菜豆腐锅

材料
水果泡菜 250克
蔬菜高汤 800毫升
（做法参考142页）

做法
① 将蔬菜高汤倒入锅中，煮开后放入水果泡菜。
② 再煮2～3分钟即可放入喜爱的火锅料（材料外）。

美味小贴士

水果泡菜

材料
菠萝15克，水梨30克，白萝卜20克，胡萝卜20克，小黄瓜5克，圆白菜200克

调料
盐少许

做法
1. 将圆白菜洗净切块，加入少许盐抓匀。
2. 待圆白菜腌渍出水后，冲水洗净，放入容器中。
3. 将其余材料切块后用果汁机打成泥，倒入盛有圆白菜的容器中。
4. 将圆白菜和水果泥抓匀，腌约1小时至入味即可。

蔬菜清汤锅

🥗 材料

西芹	80克
芦笋	80克
西红柿	2个
胡萝卜	1个
绿栉瓜	1条
玉米笋	50克
法式黄金清汤	1200毫升

🧂 调料

盐	2小匙

🍲 做法

❶ 西芹、西红柿洗净切块；胡萝卜去皮切片；绿栉瓜洗净切片；芦笋洗净去粗皮，备用；玉米笋切段。

❷ 将以上所有材料放入锅中，加入法式黄金清汤及所有调料，炖煮10分钟即可。

美味小贴士

法式黄金清汤

材料

A.牛碎骨2000克，胡萝卜1根，西芹200克，洋葱1个，水2000毫升

B.胡萝卜100克，西芹100克，洋葱100克，猪绞肉1000克，鸡蛋（取蛋清）15个

做法

1.将材料A的蔬菜洗净切小块，加入水、牛碎骨煮沸后，转小火熬煮3小时，过滤取高汤备用。

2.将所有材料B的蔬菜洗净切碎，备用。

3.取材料A的高汤1000毫升，加入猪绞肉、蛋清及材料B的蔬菜碎，以小火熬煮1小时，过滤取高汤即可。

蔬菜水果锅

🕐 材料

圆白菜	80克
胡萝卜	100克
芹菜梗	50克
苹果	120克
水梨	50克
菠萝	40克
柳橙	1个
西红柿	100克
鸡高汤	1000毫升

🧂 调料

盐	1小匙

🍲 做法

❶ 将所有的蔬菜和水果洗净、沥干；胡萝卜及水梨去皮。

❷ 将所有的蔬菜和水果切小块后放入汤锅中。

❸ 加入鸡高汤煮开后转小火煮约20分钟，再加入盐调味即可。

注：可依个人喜好适当加入各式肉类及海鲜、蔬菜等。

美味小贴士

鸡高汤

材料

鸡胸骨300克，洋葱块200克，西芹块1根，胡萝卜块200克，水4500毫升

做法

取汤锅放入所有材料，开火煮开后转微火炖煮1小时，过滤，即为鸡高汤。

低脂蔬菜锅

材料

冬瓜	200克
姜片	3片
文蛤	300克
白萝卜	200克
胡萝卜	200克
玉米笋	100克
豆腐	2块
珊瑚草	100克
寒天条	1包
葱花	适量
水	500毫升

调料

盐	少许

做法

1. 先将所有材料洗净。

2. 白萝卜去皮切块；胡萝卜去皮切片；玉米笋斜切；珊瑚草浸泡在水中直到泡开，沥干备用。

3. 取一锅，将所有材料（葱花除外）放入锅中以大火煮开，然后转中小火再煮10分钟至入味。

4. 加盐调味，再撒上葱花即可。

159

白豆彩蔬锅

材料

材料	数量
白豆	150克
洋葱	1个
西红柿	1个
西芹	50克
土豆	1个
圆白菜	50克
绿栉瓜	1/2个
胡萝卜	1/2个
月桂叶	3片
西蓝花	30克
蔬菜高汤	1300毫升

（做法参考142页）

调料

调料	数量
盐	2小匙

做法

1. 白豆以冷水泡约3小时备用。

2. 将洋葱、土豆、胡萝卜去皮切丁；西红柿、西芹、圆白菜、绿栉瓜、西蓝花洗净切丁，备用。

3. 将以上所有材料加少许油（材料外）炒香、炒软。

4. 加入蔬菜高汤及所有调料炖煮20分钟即可。